もっともっとインコに愛されたいあなたへ

インコ語レッスン帖

一級愛玩動物飼養管理士
磯崎哲也・監修

はじめに

インコの気持ちを知るには何をみればいい？

インコは体全体で気持ちを表現します

インコには、人間と同じように感情があります。そして、自分の気持ちをわかってもらうために、飼い主さんにアピールしてきます。

人間同士では言葉によるコミュニケーションが主になりますが、インコは自分の気持ちを、体全体を使って表現します。鳴き声、姿勢、しぐさ・表情、行動すべてがコミュニケーションツールなのです。

インコに向き合い、これらを毎

1 鳴き声を聞こう

鳥の鳴き声には＜地《じ》鳴き＞、＜さえずり＞、＜警《けい》戒《かい》鳴き＞の3種類があります。＜地鳴き＞は仲間の存在を確認する軽い鳴き方で、ひとり言のように鳴くこともあります。＜さえずり＞は求愛や縄張りの誇示で、＜警戒鳴き＞は相手への不快感や威嚇《いかく》を表す鳴き方。鳴き声によって、インコが何をアピールしているのかがわかるのです。

2 姿勢の変化を観察しよう

２本の足で止まり木につかまり、羽を体のわきに収納した状態がインコの基本姿勢。羽を広げている、体を伏せている、うずくまっているなど、通常とは異なる姿勢をしているときは、何か訴えたいことがあるのです。具合が悪いことも考えられるので、インコのようすを注意深く観察し、適切な対応をするようにしましょう。

日しっかり観察していると、インコが何を考えているのか、自然とわかるようになるはずです。つまりインコの気持ちを知るコツは「インコをよく見る」こと。これに尽きるでしょう。

3 しぐさや表情から読み取ろう

インコは感情が豊かなので、気持ちに合わせて表情も変わります。楽しいときはいかにも楽しそうな顔をしますし、悲しいときや怒っているときも表情から気持ちが読み取れます。また、インコはボディランゲージも大の得意。さまざまなしぐさで、自分の気持ちや飼い主さんにしてほしいことなどをアピールします。

行動の意味を知ろう 4

大声で鳴く、人を咬む、毛引き・自咬《じこう》など、インコが困った行動（問題行動）をすることがあります。こうした行動が見られる場合は、なぜそのようなことをするのか、意味を理解することが重要。そして、行動の原因を探り、改善すべきところは速やかに改め、インコも人間も健やかに暮らせる環境を整えるようにしましょう。

ここに注目！インコゴコロを知るキーポイント

インコの習性を知ればインコゴコロがわかる！

インコゴコロをより深く知るためには、インコの習性を理解することが大切です。知っておきたいインコの習性は、以下の４点。これらを踏まえてインコの行動を見てみると、どうしてそうした行動をするのか納得でき、気持ちも理解しやすくなるでしょう。

ですが、人に個性があるように、インコにも個体差があります。「こうすればこうなる」という、絶対

1 「仲間と一緒」が好き

インコは自然界では捕食される立場の生き物なので、仲間と一緒にいることで少しでも危険から逃れようとします。そのため「みんなと同じ」が大好き。飼育されているインコも同様です。飼い主さんと同じ動作をしたり、楽しい気持ちなど感情を共有したりすることで安心し、精神の安定を保つことができるのです。

2 とっても愛情深い

鳥は非常に愛情深い動物だといわれており、インコもパートナーとして選んだ相手を深く愛し、相手からも同じように愛されることを望みます。頭をなでてほしくてすり寄ってきたり、「一緒に遊ぼう」と催促してくるのは、愛を感じたいから。また、しつこい呼《よ》び鳴きや、咬み癖などの困った行動も、「ボクを愛して！」という訴えなのです。

のお手本はありません。思うようにならない、だからこそ、インコとの暮らしは楽しいのです。インコのようす、反応をよく見て、「うちの子はこう!」という個性を見つけてあげてください。

3 好奇心旺盛で勉強家

インコは知能が高いことがわかっており、とくに好奇心が旺盛なことにかけては右に出る者がいないほど。勉強家でもあるので、つねに新しい刺激を求めていて、情報収集にも余念がありません。そのため、頭を使わないとできない、難しい遊びが大好き。失敗してもあきらめず、粘り強く困難に挑戦していきます。

高いところが好き 4

インコの天敵であるワシやタカなどの猛禽類《もうきんるい》は、高い位置から襲いかかってきます。そのため、インコはできるだけ高い位置を自分の居場所に定め、身の安全を図ろうとします。そして、高い位置にいるほど強気になり、自分より下にいる者を見下すように。また、縄張り意識が強く、自分のテリトリーへの執着心がかなり強いのも特徴です。

Contents

LESSON 2

ボディランゲージを読み取ろう

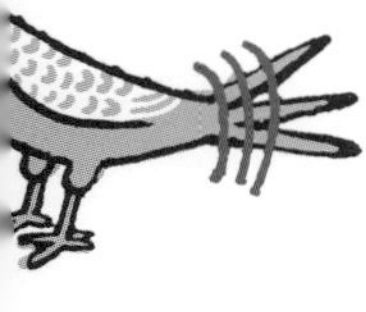

LESSON 3
行動の意味を探ろう［観察編］

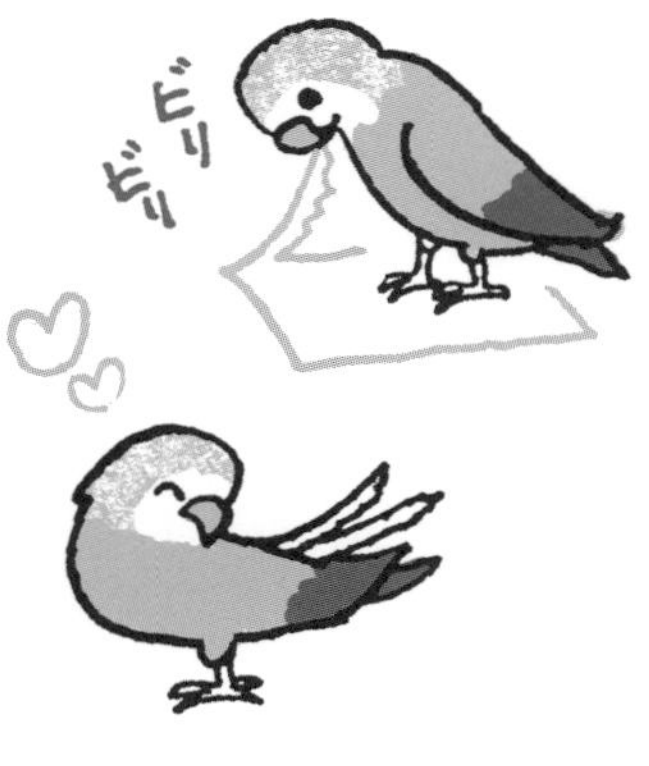
ビリ
ビリ

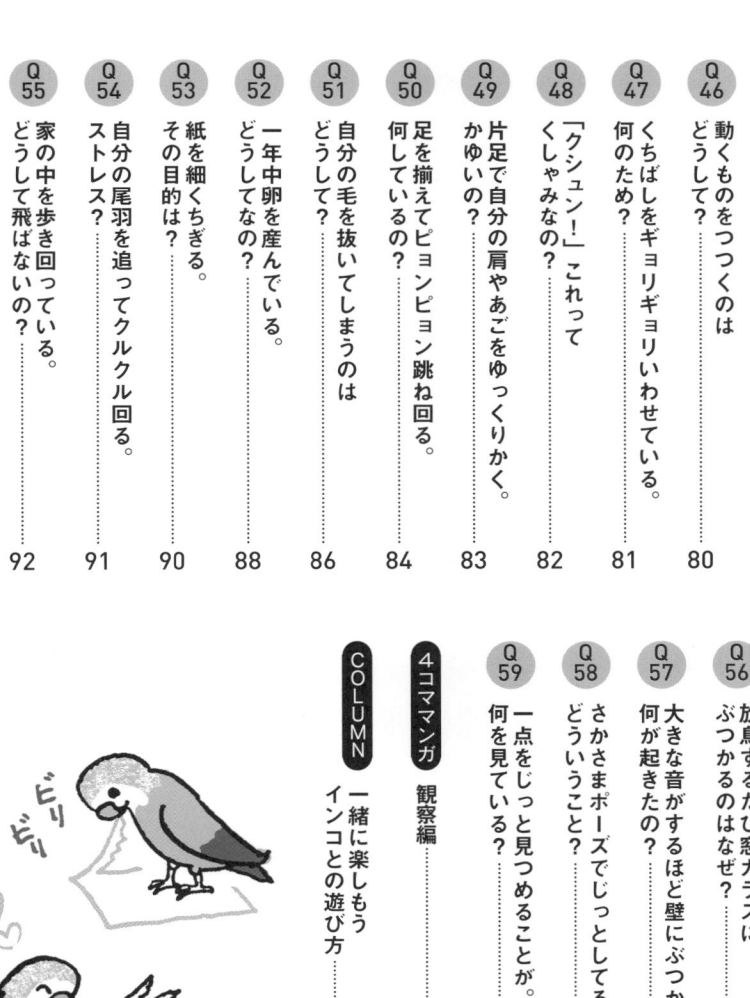

LESSON 4 行動の意味を探ろう【暮らし編】

LESSON 5
行動の意味を探ろう【コミュニケーション編】

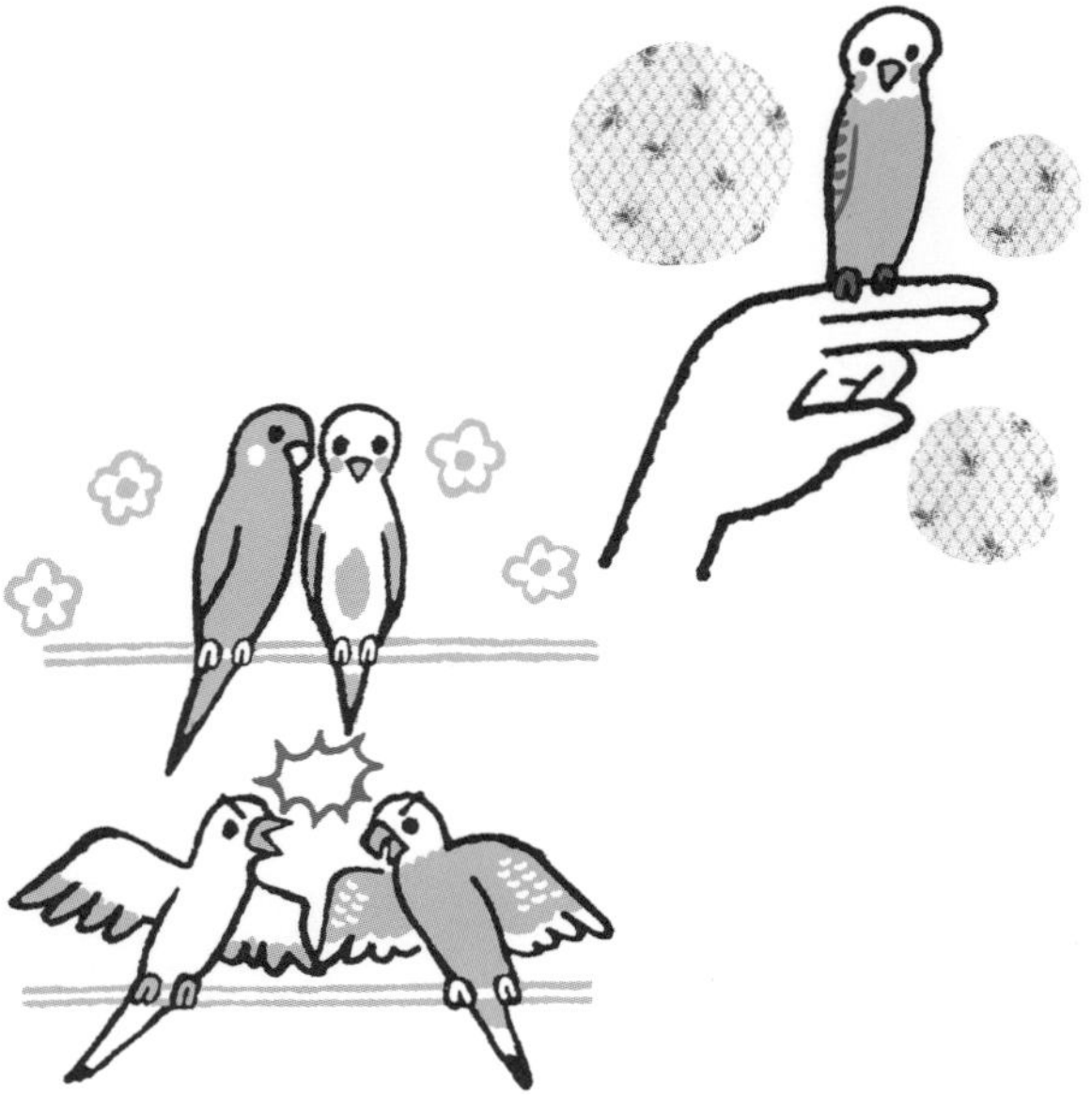

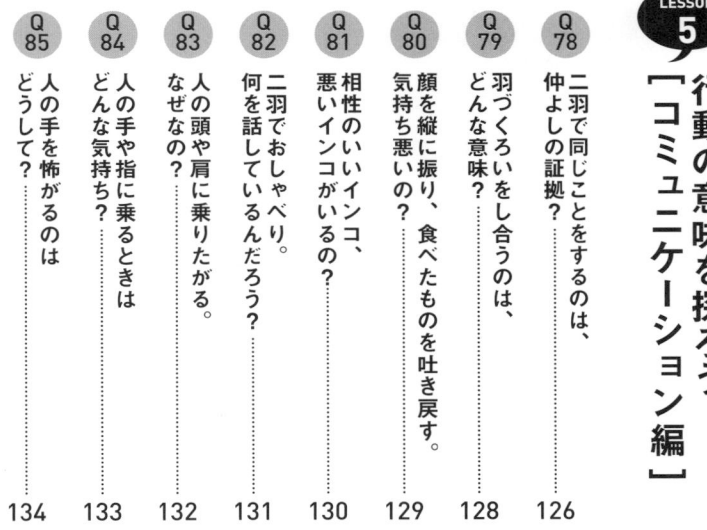

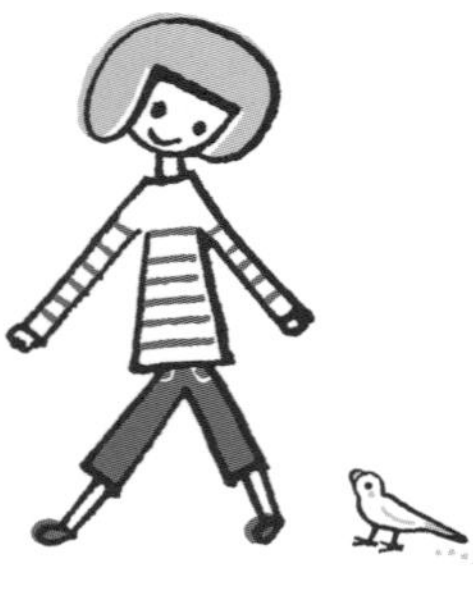

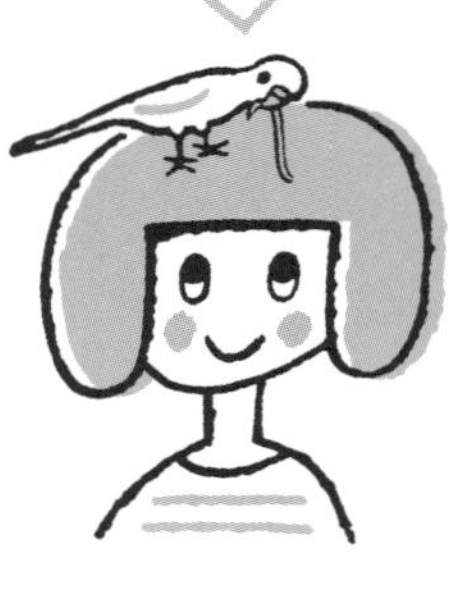

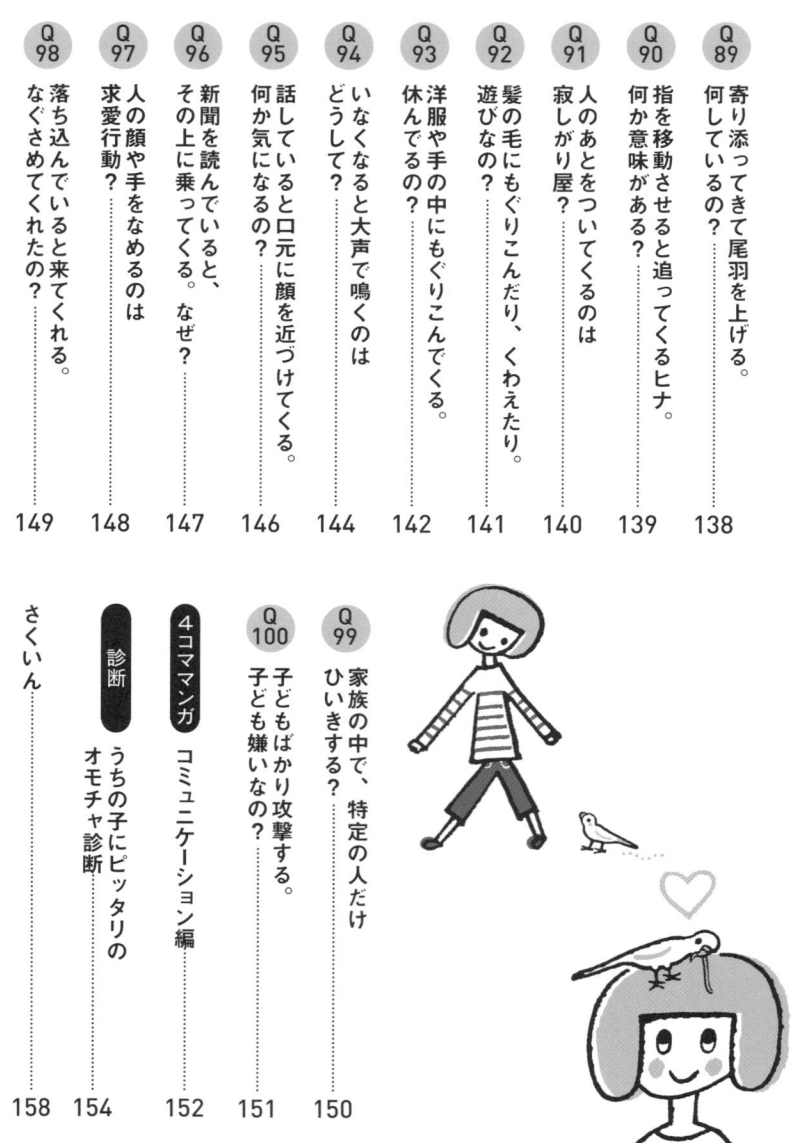

LESSON 1

鳴き声を聞こう

Q1 「ピュロロピュロロ」って鳴くのはどんなとき？

インコゴコロ

愛してるよ♥

人にはきれいな音楽のようにも聞こえる「ピュロロピュロロ」という鳴き方は、「愛しているよ～」というラブコール。〈さえずり〉の一種です。ラブコールはオスがメスに対して自分をアピールする鳴き声ですが、インコに対してだけでなく、大好きな飼い主さんに対してもコールされます。

ところで、子育てのためには、安全で、ごはんを探しやすい場所を確保しなければなりません。この「ピュロロピュロロ」は「ここはボクの縄張り！」という宣言でもあるのです。

鳥の格言 愛は美しい歌声に乗せて届ける

Q2 「チッチッ」って鳴くのはどんなとき？

インコゴコロ

ワクワクする〜！

インコが興奮したときに出す鳴き声で、＜地鳴き＞の一種です。興味のあるものを見つけてワクワクしたとき、人が思わず「やった〜!!」とつぶやいてしまうようなもの。無意識のうちにつぶやく、ひとり言ですね。

インコは好奇心が旺盛。つねにおもしろそうなものを探しているので、おめがねに叶ったものを探し当てると、興奮して「チッチッ」と鳴く姿が見られますよ。ちなみに、数種類のオモチャを週替わりで交換すると、インコの好奇心を刺激できて◎です。

鳥の格言 エキサイティングに生きるべし

Q3 「ギャッ!」って鳴くのはどんなとき?

インコゴコロ

やめろってば!!

不快感などを訴えるときの鳴き声で、〈警戒鳴き〉の一種。「やめて〜」というやわらかいニュアンスではなく、「やめろよ!!」という強い抗議。楽しい遊びを邪魔されたときや、相手に攻撃されたときなどに聞かれます。

インコと接しているときにこの鳴き声を出されたら、あなたの行動がインコに相当不快感を与えていると考えましょう。そのまま放っておくと嫌われてしまうことも。インコの好きなことをするなどしてフォローし、早めに関係を修復してください。

鳥の格言　**不快感は毅然とした態度で表明**

Q4 「ギャー」って鳴くのはどんなとき？

インコゴコロ

触らないでっ!!

拒否全般を表す鳴き方で、「ギャッ」よりもさらに強い訴え。これも＜警戒鳴き＞の一種です。まさに、〝怒り心頭に発する〟状態ですね。

インコは仲間意識が強いので、一緒に飼っている鳥の爪を切っているときなどに、その鳥の嫌な気持ちを感じ取り、義侠心から「ギャー」と鳴くことも。これは「嫌がってるんだから、やめてやれよっ！」という感じです。

いずれにしろ、アフターフォローを忘れずに。飼い主さんが愛情深く接すれば、怒りを収めてくれます。

鳥の格言 MAXの怒りは強く激しく表現

Q5 「ケッケッケ」って鳴くのはどんなとき？

インコゴコロ

おうおう、やるのか？

＜警戒鳴き＞の一種で、相手を威嚇《いかく》しています。自分の縄張りにいるときのインコは強気なので、飼い主さんがケージに手を入れたときにも、この鳴き方をすることがあります。インコはけっこう向こう見ずな性格の子が多く、自分より大きな種類の鳥に「ケッケッケ」と鳴くことも少なくありません。

　インコと人間の感情表現はいろいろと似ている点がありますが、感情が激すると声が大きくなるのも同じ。だから、この鳴き方をするときは、声が大きくなることが多いです。

鳥の格言　威嚇は声高らかに堂々と

Q6 「ククッ」って鳴くのはどんなとき？

インコゴコロ

楽しいなぁ♪

楽しいとき、人間が思わず「うふふ」とつぶやくようなもの。〈地鳴き〉の一種です。大好きなオモチャで遊んでいるときなどに、「つい出ちゃった」という感じで鳴きます。

また、インコは「みんなと同じ」が大好きなので、ケージのそばで家族がテレビを見て笑ったり、会話が盛り上がったりすると、「ボクも楽しいよ！」と言っているように、「ククッ」と鳴くことがあります。そんなときは「○○ちゃんも楽しいのね」と声をかけてあげると、いっそう幸せな気分に。

鳥の格言 幸せは隠してもにじみ出るもの

Q7 「ピー!ピー!」って鳴くのはどんなとき?

インコゴコロ

姿を見せてっ!

「ピー!ピー!」は「呼び鳴き」という鳴き方で〈さえずり〉の一種。インコは本来、仲間と暮らす鳥なので、一羽になったときに、「どこにいるの?」と鳴いて仲間を探すのです。

飼われているインコは、飼い主さんの気配を感じるのに姿が見えないと、「こっちに来てよ!」と呼び鳴きで訴えます。通常、飼い主さんが家にいないことがインコにわかっていたら、呼び鳴きはしません。そして、帰宅したとわかった途端、「ピー!ピー!」が始まることがあります。

鳥の格言 帰宅がわかったらスイッチオン

こんな
インコゴコロも

なっ、なんだよっ！

電気を消したときや、聞き慣れない音がしたときなどに「ピッ」と短く鳴くのは、不安やおびえの表れ。〈警戒鳴き〉の一種です。とくに声が弱々しいときは、不安やおびえがかなり強いと考えられます。その状態が続くと、ストレスによって心身ともに病んでしまうことも。不安やおびえの原因を取り除き、安心させて。

こんな
インコゴコロも

お宝発見！

冠羽《かんむりばね》※を立てながら「ピッ」と鳴くのは、すごく興味があるものを見つけたときに出る、〈地鳴き〉の一種。「おもしろいもの見っけ！」とワクワクしています。冠羽はインコの感情を示すアンテナのようなもの。ゾクゾクと武者震いすると冠羽が立ちます。セキセイインコでも、興奮するとモワッと頭の羽が立つことがあります。

※冠羽……オカメインコなどが持つ、頭の上の長い羽。

Q8 歌うように鳴くときはご機嫌なの？

インコゴコロ

楽しいなぁ♪

鼻歌を口ずさむような声は〈さえずり〉の一種で、楽しくてご機嫌なときの鳴き方です。

一方、変な節をつけて鳴くときはものまねの練習中。耳で聞いて記憶した音と、自分が発する音が合っているか確認しているのです。わからなくなると自分で作曲し、歌ってごまかすことも。インコは、言葉より歌のほうが覚えるのが得意。でも正確に覚える前にほめると、「これでいいんだ！」と勘違いして上達しないので、ほめるのはうまくできてからにしましょう。

鳥の格言 **楽しいときは“十八番”を熱唱**

Q9
ぶつぶつつぶやくのは不満があるから?

インコゴコロ

落ち着くなぁ

気分がいいときのひとり言で、〈地鳴き〉の一種。人間がお風呂に入ったとき、「ぷは～」とつぶやいてしまうのと同じような感覚です。不満があるどころか、今の状態にとても満足していて、心身ともにリラックス状態です。

また、言葉の練習中にもぶつぶつつぶやくことがあります。この場合は、記憶した言葉と自分が発した言葉が合っているか照合中。ぶつぶつつぶやくことが多いインコは、マスターする言葉の数も多いので、おしゃべりが得意になります。

鳥の格言 つぶやくほどにリラックス

Q10 名前を呼ぶと鳴くのは、返事をしているの？

インコゴコロ

なあに〜？

ヒナから育てた場合、1〜2カ月で自分の名前を覚え、名前を呼ぶと「ピュイッ」と鳴いて返事をするように。これは〈さえずり〉の一種です。

呼びかけに反応してくれると、うれしくてつい何度も呼びたくなりますね。でも、インコにしてみたら、名前を呼ばれたからには何か楽しいことがあるのだろうと期待しているのに、返事をしたらおしまいで、しかも何度もしつこく呼ばれたらムカムカッ。「用もないのに呼ぶな〜っ!!」と怒らせてしまうことになります。

鳥の格言　**名前を呼ばれたら元気にお返事**

不思議な鳴き方

Q11 物音などをまねしたがるのはどうして？

ピンポーン
はーい
宅配かなぁ

インコゴコロ

みんなの反応がおもしろいの

インターホンの「ピンポーン」や電子レンジの「チン！」など、電子音はインコの音声と波長が合うらしく、発声しやすいようです。これも、〈さえずり〉の一種と考えていいでしょう。

また、生活音をまねすると、「あれ？　だれか来た？　なんだ〜○○ちゃんがまねしたのか」などと家族が反応してくれるのが楽しくて、積極的にまねするようです。「ピーピー」という洗濯機の終了音を遊び終了の合図にしている子、家族がそばを食べるとき一緒にすする音を立てる子などもいます。

鳥の格言　**生活音のものまねは鉄板芸**

Q12

寝ながら鳴いているこことが。寝言なの？

インコゴコロ

ムニャムニャ…夢を見ているよ

止まり木の上で目をつぶり、じっとしていたら睡眠中。そんなときに、わけのわからないことをつぶやくのは寝言で、＜地鳴き＞の一種です。

人間をはじめとする哺乳類《ほにゅうるい》、鳥類《ちょうるい》、爬虫類《はちゅうるい》は睡眠中に夢を見ると考えられます。捕食される危険性の高い鳥類は、犬や猫のように熟睡することは少なく、うつらうつらと浅い睡眠を繰り返しますが、その間に夢を見ているようです。また、寝ている最中に急にブルブルッと身震いするのは、夢から覚めて、「はっ！」と起きたところです。

鳥の格言　インコの寝言はミステリアス

Q13 ケージの中で騒ぎまわりながら叫ぶ。何が起きたの？

インコゴコロ

異常事態発生！

とても臆病な性格のオカメインコは、聞き慣れない物音がしたり、怖い夢を見たりするとパニックを起こし、叫ぶことがあります（オカメパニック）。＜警戒鳴き＞の一種です。すぐにかけつけ、「大丈夫、怖くないよ」と優しく声をかけ、安心させて。

とくにパニックになる状況ではないときや、オカメインコ以外のインコが夜中に騒ぐときは、ダニが発生しているのかも。ダニは夜に活動するので、血を吸われてかゆがっている可能性があります。動物病院で相談を。

鳥の格言 緊急サイレンは遠慮無用

Q14 人の言葉をしゃべるときはどんな気分？

インコゴコロ

うけるのがうれしい♪

インコには、仲間と同じ言語を使ってコミュニケーションを図りたいという欲求があります。飼育されているインコは、パートナーである人間の言葉をまねすることで、情報と感情を共有しようとしているわけです。つまりインコから見たら、人の言葉は人が発する「さえずり」なんですね。

　それに、インコはだれもが芸人気質。いつでもうけを狙っています。人の言葉をしゃべれば、飼い主さんは必ずリアクションしてくれますから、人の言葉をしゃべることを好むのです。

鳥の格言　人の言葉は外せない持ちネタ

Q15

「ウー」とうなるのは、不機嫌になっているの？

インコゴコロ

こっちくんな!!

犬のうなり声と同じで、相手への警告。＜警戒鳴き＞の一種です。少し離れた場所にいる相手に対して「近づくんじゃないよ！」と訴えているのです。Ｑ３の「ギャッ！」、Ｑ４の「ギャー」ほど強い威嚇ではありませんが、近寄ってほしくない気分なのです。

飼い主としては、どこか具合が悪いのではないかと心配になり、あれこれ手を出したくなるところですが、しばらくそっとしておきましょう。それでも収まらず、明らかにいつもとようすが違う場合は動物病院へ。

鳥の格言　家族がうっとうしいときもある

インコの4コマ劇場 鳴き声編

パパ
娘
息子
ごま
ママ

音まね
ビリビリ
ジジ
ジジジジジ
ビリビリー
ジジジジジ
ジジジジジ
ビリビリ
ビリビリ
ビリビリ
ピヨ
ごま〜
うるさいよお

ごまのともだち
ごまー
ごまちゃーん
かわいいねー
おもちゃ
ピュロ
ピュロロロ
なかよしだねー♪
ピュロロロロ

チャートでわかる！

うちの子タイプ診断

うちの子はわがまま？　甘えん坊？
けっこう気まぐれかも……。チャートで
インコの性格をズバリ診断します。

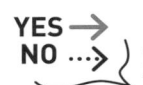

YES →
NO …>

START

ケージから出て、手に乗る

なでられたり、触れられることが好き

ケージに近づくと寄ってくる

飼い主さんと遊ぶよりもひとり遊びが好き

ケージの外に出たがらない

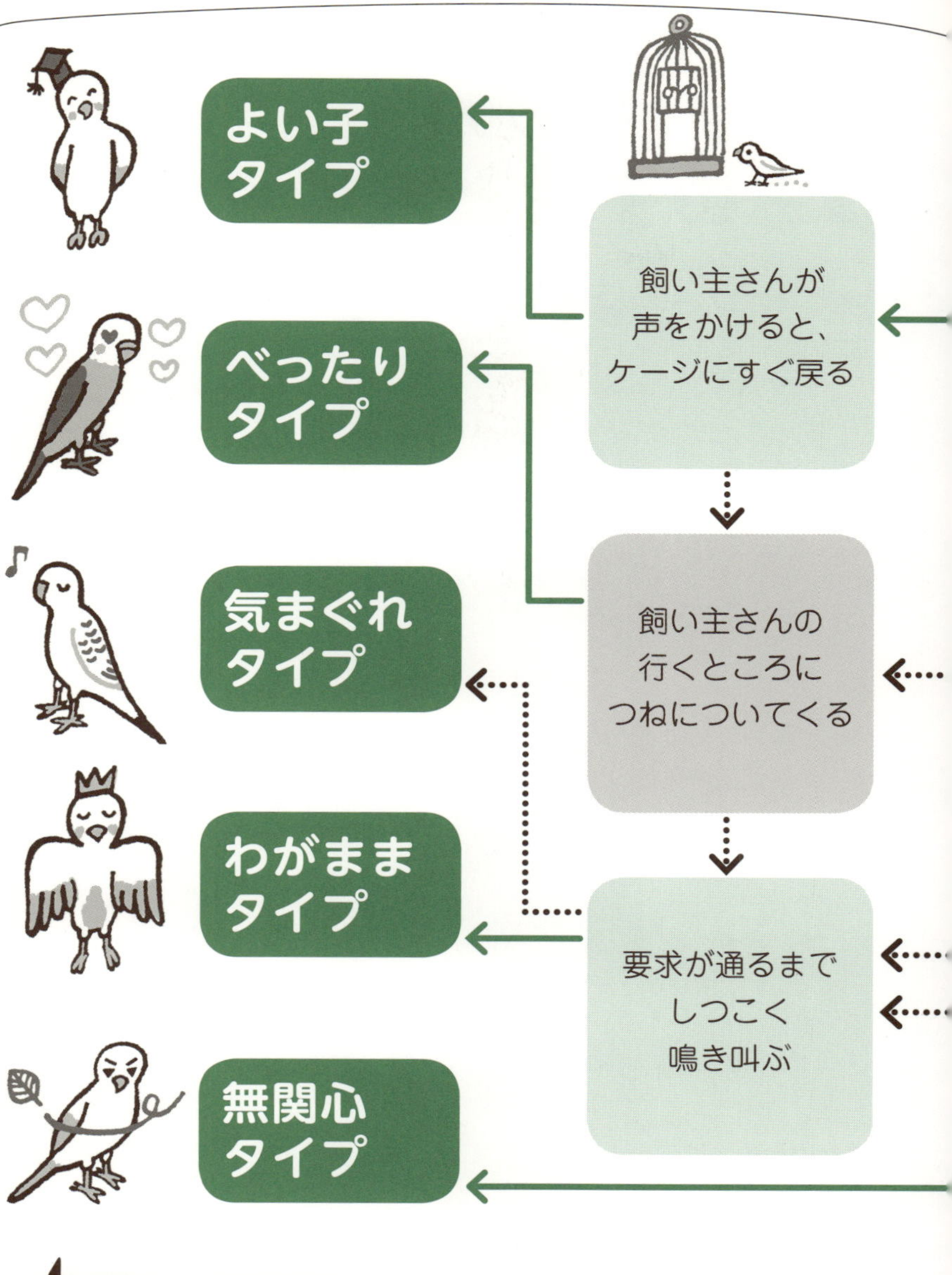
よい子
タイプ
べったり
タイプ
気まぐれ
タイプ
わがまま
タイプ
無関心
タイプ
飼い主さんが
声をかけると、
ケージにすぐ戻る
飼い主さんの
行くところに
つねについてくる
要求が通るまで
しつこく
鳴き叫ぶ

詳しい結果は次のページ

診断結果をチェック！

うちの子はどんなタイプ？

飼い鳥のエリート　よい子タイプ

ズバリ、こんな性格！

飼い主さんが遊びたいときにはいつでも要求に応えてくれ、遊びたくないときはケージの中でおとなしくしている、模範的なインコ。でも一方的すぎる態度は、インコのストレスの原因になります。無理のない範囲でインコの要求に応えてあげましょう。

みんなメロメロ!?　べったりタイプ

ズバリ、こんな性格！

いつでも飼い主さんと関係を持っていたいタイプ。つねにケージから出て、飼い主さんの肩に止まっていたい、話をしたい、食べているものを欲しがります。かわいいですが甘やかしは禁物です。ときにはケージの中で休ませるようにしましょう。

えっへん
スキスキ♥
気分
乗らない
メシ！フロ！
ネル！
寄るなっ！

気分が変わりやすい
気まぐれタイプ

ズバリ、こんな性格！

遊びたいときは飼い主さんに寄ってきて、遊びたくないときには見向きもしない。どんな生きものもその傾向はありますが、それが極端だと共同生活で寂しい思いをします。飼い主さんと一緒の行動を好きになってもらうようにしましょう。

世界は自分を中心に回ってる！
わがままタイプ

ズバリ、こんな性格！

まるで王様!?　とにかく自分のやりたい放題。飼い主さんの状況や気持ちに関係なく、「出せ」「遊べ」「帰る」と、要求します。実現されないと鳴き叫んだり、攻撃的になるなどの問題行動を起こすことも。あきらめずにしつけを行いましょう。

カゴの鳥とはわたしのこと
無関心タイプ

ズバリ、こんな性格！

人間のことをパートナーとは考えず、単なる雑用係と考えています。最初から手乗りでなかった「荒鳥《あらどり》」全般はこれ。手乗りのインコでも、2羽のつがいにするとこうなることもあります。根気強く関係をつくっていきましょう。

COLUMN 1

性格に見る
オスとメスの違い

人間の性格が一人ひとり違うように、インコも一羽一羽性格が異なります。そのため、「オスだからこう、メスだからこう」とひとまとめにすることはできませんが、オス・メスそれぞれによく見られる特徴があります。

オスの場合は、飼い主さんと積極的にコミュニケーションを取ろうとする、寂しがり屋で呼び鳴きをすることも多い、発情期に攻撃的になる、言葉を覚えるのが得意な子が多い、縄張り意識が強いといったことが挙げられます。

一方メスの場合は、鳴き方が静かでおとなしい、おしゃべりが苦手なこともある、どちらかというと内向的で保守的な傾向にある、何事もマイペース、じょうずに一人遊びができるため留守番も苦にならない、あまり呼び鳴きをしない、といったことが挙げられます。

ところで、見た目で性別が一目瞭然の鳥種もありますが、インコは性別の見分けが難しいことも多く、とくにヒナは困難。性別による違いはあくまでも目安と考え、家に迎えたインコの個性を第一に考えるようにしましょう。

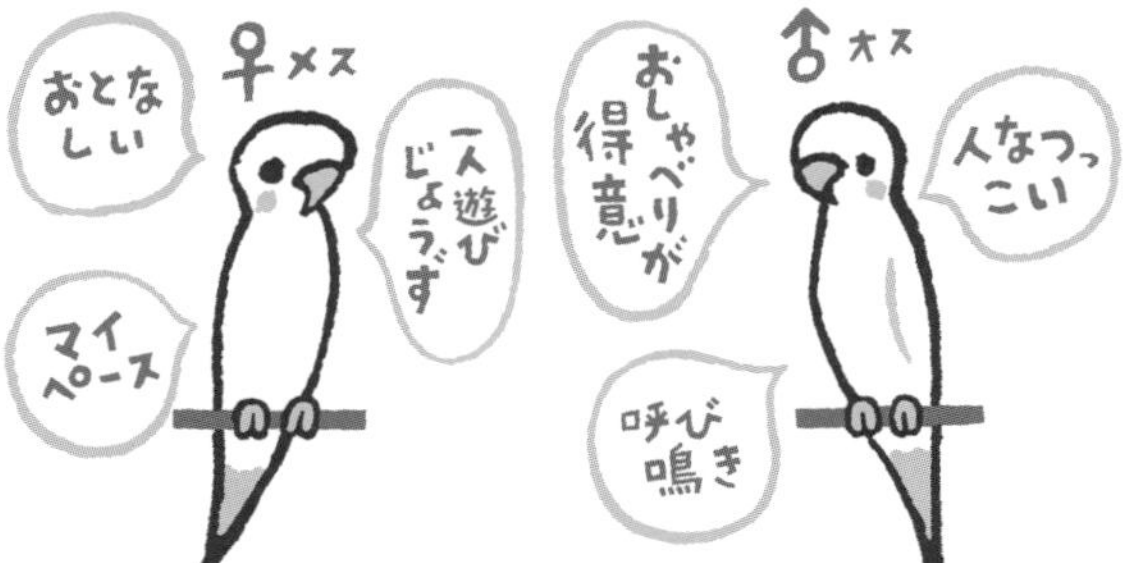

♀メス
おとなしい
一人遊びじょうず
マイペース
♂オス
おしゃべりが得意
人なつっこい
呼び鳴き

LESSON 2

ボディランゲージを読み取ろう

Q16 瞳孔が開いてる。どういう状態なの？

インコゴコロ

怖いよぉ(泣)

怖さのあまり声も出せず、凍りついた状態。瞳孔を開くことで、視覚情報をたくさん入れ、危険を少しでも早く察知しようとしているのです。飼われているインコは、そこまでの恐怖を体験することは少ないので、瞳孔が開くことはめったにありません。

でも、インコの天敵のヘビを連想させる、ホースなどの細長いものを近づけると、瞳孔が開くことがあります。瞳孔を開くのは疲れるし、恐怖は多大なストレスに。瞳孔が開くような状況をつくらないよう、気をつけましょう。

鳥の格言 情報を集めて命を守れ！

Q17 瞳孔が縮んでる。どういう状態なの？

インコゴコロ

やるか!?

インコのファイティングポーズ。攻撃的な気持ちになっていて、身構えているのです。人間の不良が気に入らない相手に接したとき、眉をしかめて「なんだ、この野郎！」と言っているようなものですね。

もともと攻撃的な性格の子もいますが、オスの場合は、発情期を迎えたことで攻撃的になる場合もあります。これはホルモンバランスの変化などが原因なので、ある程度は仕方のないことですが、発情モードにならないように配慮することは必要です。

鳥の格言 ケンカのときはガンつける

Q18 瞳孔が開いたり、縮んだり。どんな状態?

インコゴコロ

興味しんしん!

気になるものを発見し、知的好奇心が刺激されると、瞳孔が開いたり閉じたりします。脳が活性化し、いい意味で興奮している状態です。

飼い主さんが新しい歌を教えているときや、新しいオモチャを与えたときなどによく見られます。瞳孔が開いたり縮んだりしているときは意欲的になっているので、覚えも早いです。

瞳孔が開いたり縮んだりすることが多いヒナは、いろいろなことに興味がある頭のいい子。ヒナを選ぶときには瞳孔をチェックするといいですよ。

鳥の格言 好奇心は目にあらわれる

鳴き声
ボディ
行動
行動2
行動3

Q19 冠羽が寝ている。疲れちゃったのかしら？

インコゴコロ

あ〜 落ち着く〜

冠羽はインコの感情のバロメーター。冠羽が寝ているときは、心身ともにリラックスして落ち着いた状態です。今の状態に満足して、しばらくボーッとしていたい気分です。

インコはアクティブに遊ぶのが大好きですが、心静かにゆっくり過ごしたいときももちろんあります。そんなときにちょっかいを出すと、「うるさいよっ！」と怒られてしまうかも。冠羽が寝ていたら、飼い主さんもひと休みするなどして、お互いにリラックスタイムにしてくださいね。

鳥の格言 冠羽も休めてリラックス

Q20 冠羽が逆立っている。怒ってるの？

インコゴコロ
それ何？気になるよ！

びっくりしているのです。何か目新しいものを見つけ、「これは何？」「何するものなの？」と、ワクワクする気持ちを込めた驚きと疑問を表しているときと、「ちょっと、それ、一体何なのよっ！」と怒りや不快感を込めた驚きを表しているときがあります。また、単純に気持ちが高ぶったときにも冠羽は逆立ちます。

とくに、大きくて華やかな冠羽が特徴のオカメインコは、冠羽の状態でそのときの感情を読み取りやすいです。便利なので活用してくださいね。

鳥の格言　びっくりしたら冠羽もビーン！

Q21 冠羽が少しだけ立っている。どんな気持ち？

インコゴコロ

不安だ…

冠羽が寝ているときはリラックス中で、ピンと立っているときはびっくりしたとき。では、少しだけ立っているときはどんな心境なのかというと、不安を感じて心細くなっています。

インコの周辺に不安をかきたてるものがあったら、すぐに取り除きましょう。また、「怖いものはないよ、大丈夫だよ」と優しく話しかけることも大切。言葉の内容は理解できなくても、飼い主さんの声のトーンや態度などから、「安全なんだな」「心配いらないんだな」と理解することができます。

鳥の格言 不安なときは冠羽も控えめ

Q22 冠羽が立ったり戻ったり。どんな気持ち？

インコゴコロ

ちょっと気になるなぁ

インコの気持ちの揺れが、そのまま冠羽の状態に表れています。気にはなるけど、興奮するほど好奇心を刺激されていないときや、怖そうだけれど、やってみたい気もするときなど、態度を決めかねるときに見られます。

インコの判断基準は、「おもしろいかおもしろくないか」。インコが気になっているもので飼い主さんが遊んでみせると、感情のボルテージがグーンと上がり、その気になるかもしれません。反対に、「やっぱりいいや」と興味をなくすこともありますけどね。

鳥の格言 インコだって、ときには迷う

Q23 羽を少し広げてじっとしているのは、どうして？

インコゴコロ

ちょっと暑い

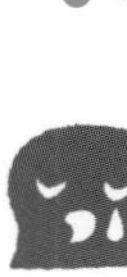

鳥は汗をかかないので、暑いと熱が体内にこもってしまいます。体温が上がりすぎるのを防ぐために、羽を広げて放熱しているのです。

日本生まれのインコは日本の気候に順応しており、高温多湿にも比較的強いのですが、輸入されたインコの中には日本の気候が苦手な子もいます。羽を少し広げてさらに口も開けていたら、「ものすごく暑い！」状態。羽からの放熱だけではたりず、呼吸で熱を発散させようとしているのです。急いでエアコンなどで室温を下げて。

鳥の格言　**羽を広げて熱を発散**

Q24 羽をパタパタッと開くのは、何のアピール？

インコゴコロ

もううんざり！

「いい加減にして！」とイライラした気分になっています。同じことを何度も仕掛けられたり、休息モードのときにちょっかいを出されたりすると、この動作が見られることがあります。

基本的に、インコはパートナーと喜びの感情を共有したり、自分の行動がうけたときに幸せを感じるので、飼い主さんと遊ぶのは大好き。とはいえ、何事にも限度があり、〝羽パタパタ〟が出たらやりすぎです。「しつこかったね。ごめんね」と謝り、すぐに引き下がりましょう。

鳥の格言 しつこいやつには限度を示す

Q25 尾羽を最大に開くのは何のアピール？

インコゴコロ

オレのほうが強いぜっ！

自分のほうが強いことを相手に示そうとして、いばっています。尾羽を最大限に広げることで、体を大きく見せようとしているのです。クジャクがプワーッと羽を開くのと同じ。オスだけでなくメスもやります。

インコの捕食者はたいてい上から襲ってくるため、相手の目の高さより自分が下にいると弱気になり、上にいると強気になります。インコのケージが人間の目線より高い位置にあると、自分のほうが優位だと考え、いばるようになってしまいますよ。

鳥の格言 体を大きくして強さを示せ！

Q26 尾羽をパタパタ振るのは何のサイン？

インコゴコロ

はい、終了！

一緒に遊んでいるときなどに、インコが尾羽をパタパタ振るのは、「終了行動」と呼ばれる行為。今までしていた行動に満足し、終わりにする際に見られます。一人遊びをしているときにもするので、他人への意思表示であるだけでなく、「これはもうおしまいにする」と、インコ自身が気持ちを切り替えるための合図でもあるようです。
　インコがこの行動をしているにもかかわらず、同じ遊びを続けると、「空気の読めないヤツ！」と、嫌われる原因になるかも。気をつけましょう。

鳥の格言　終わりよければすべてよし

COLUMN

インコの体は飛ぶことに特化したつくり

インコの体は、飛ぶことを第一に考えた構造になっています。軽量化するためにほとんどの骨の中は空洞で、飛ぶ動力を担う大胸筋は、体重の４分の１を占めるほど発達しています。

そして、飛ぶために欠かせないのが翼。羽をぴったりつけて空気を後ろに押し出して推進力をつくり出したり、羽と羽の間を開けて空気抵抗を減らしたりします。尾羽には、着陸時の落下速度を下げる役目があります。

こんなインコゴコロも

やあ！こんにちは

ほかのインコに対して尾羽をパタパタ振るのはあいさつです。インコは攻撃力が弱く、仲間と一緒にいることで危険を回避しようとするので、仲間を見かけるとフレンドリーにあいさつします。インコが尾羽を振ってあいさつしてきたら、「おはよう、今日は気持ちのいい天気だよ」などと、あいさつを返してあげましょう。

Q27 顔の羽毛がふくらんでいる。どんな心境？

インコゴコロ

プンプンッ！

顔のまわりの羽毛が立ち上がり、ガーベラやダリアの花のように見えます。ちょっとかわいい感じなのですが、インコ本人の心境はそんな穏やかなものではなく、プンプン怒っています。人間は怒るとカーッと頭に血が上り、顔がカッカとしますよね。そのような状態です。目も普段のようすとは違い、険しくなっているはずです。

インコの怒りの原因が飼い主さんにある場合は、「怒らせちゃってごめんね」と謝って、あとは気持ちが鎮まるまでひとりにしておきましょう。

鳥の格言　顔の大きさ＝怒りの大きさ

こんなインコゴコロも

怒り心頭！

顔の羽毛をふくらませたうえに、「フーッ」と息を吹くのは、最高に怒っているとき。へたに手を出すと痛い目にあうので要注意です。反対に、人間がインコに「フーッ」と息を吹きかけると「飼い主さんが怒ってる！　やりすぎた!!」と理解。悪いことをしたときは「ダメ！」のあと「フーッ」と息を吹くと効果的ですよ。

こんなインコゴコロも

ムッカー!!

顔の羽毛をふくらませ、体を左右にゆらゆら揺らしているときは、「超むかつくっ！」という心境。ゆらゆら揺れることで体を大きく見せ、威圧感を演出しているのです。人間が肩をいからせて歩くようなものですね。これも怒りが最高潮に達しているときのポーズなため、しばらく近づかないほうが無難です。

Q28 体全体の羽毛がふくらんでいるのはどんな状態？

インコゴコロ

さ…寒い…

寒がっています。羽毛がふくらんでいるのは、羽毛の中に空気を入れているから。空気を入れることで保温効果を高めているのです。

成鳥《せいちょう》ならば人間が寒くない程度の室温で大丈夫ですが、夜や人がいない時間帯などは室温が急に下がることがあるので要注意です。また、窓際にインコがいる場合は、部屋の中央より気温が低いことがあるので気をつけましょう。室温を上げても羽毛をふくらませたままのときは、具合が悪いのかも。動物病院で診てもらいましょう。

鳥の格言 空気を入れて防寒せよ

姿勢

Q29 片足で立っているときはどんな状態？

インコゴコロ

足が冷えるなぁ

体の羽毛をふくらませるほどではないけれど、寒がっています。体の末端から冷えていくのは、人間もインコも同じ。足から熱が逃げないように片足は体の中に隠し、温まろうとしているのです。インコがこのポーズをしていたら、室温が下がっていないかチェックしてください。

なお、室温に問題がないなら、単に休憩しているだけのこともあります。その場合は、しばらくそっとしておきましょう。休憩が終わったあと普段どおりにしていたら問題ありません。

鳥の格言　足先の冷えを防いで体温キープ

姿勢

Q30 くちばしを背中の羽毛に埋めて寝ているのはなぜ？

インコゴコロ

寒いんだよ

寒いときに見られる典型的なポーズです。寒いとき以外にはしないので、このポーズに気づいたら、インコがいる周辺の室温が下がっていないかチェックし、エアコンなどで室温を調節してください。

適温に保たれているのにこのポーズをしている場合は、体温調節機能がうまく働かなくなり、体が温まりにくくなっています。何らかの病気の可能性が高いので、室温を高めに設定して体を温めつつ、早めに動物病院で診てもらいましょう。

鳥の格言　**保温のポーズで寒さをしのぐ**

こんなインコゴコロも

熟睡中

体を伏せて寝ているときは熟睡中です。捕食される立場のインコは、危険をすぐ察知できるようにあまり熟睡はしませんが、安全な場所では熟睡することも。睡眠を邪魔しないよう静かにしてあげて。

こんなインコゴコロも

うとうと

片足立ちで寝ているときは仮眠中。Q29で説明したように、寒くなくて片足で立っていたら休憩中で、さらに目をつぶっていたらうたた寝をしているところ。少しの物音でも目を覚ましてしまいます。

こんなインコゴコロも

安心♪

コガネメキシコインコなど一部の種類はあおむけで寝ることがあり、それは安心しているとき。床にごろっと寝転がることも。自然の中でも、木のうろなどに転がって寝るのを好むんですよ。

インコの4コマ劇場 ボディランゲージ編

あまかみ

カリカリ
カリカリ
くすぐったーい
カリカリ
きっと毛づくろいしてくれてるんじゃなーい？

出たいよぉ〜

タタタ
タタタ
ピョン
ママ
キラキラした目で
見られると…
ついつい出して
しまいます♡
パカッ

チェックでわかる！

インコからの愛され度診断

あなたはインコから100%の愛情を注がれてる?
じつはどうでもいいと思われてるかも……。
うちの子からの愛され度を診断します。

STEP 1

あてはまるものをチェックしよう！

- □ 手や肩に乗ってくる
- □ 名前を呼ぶと反応する
- □ インコを見ると、インコもあなたを見返す
- □「チッ」と舌打ちをすると、インコも「チッチ」と鳴く

STEP 2

あてはまるものをチェックしよう！

- □ ケージの前に行くと、足踏みしながら期待する
- □ あなたが手渡したものはなんでも食べる
- □ 体に触らせてくれる
- □ 頭をなでると喜ぶ

あてはまるものをチェックしよう！

STEP 3

- □ 人の言葉を覚える
- □ あなたが歌うとインコも歌う、踊るなど反応する
- □ あなたの手に吐き戻しをする
- □ 部屋を自由に飛んでいても、呼ぶと手に乗ってくる

診断結果をチェック！

STEP1 ＝ 1 つ 2 点
STEP2 ＝ 1 つ 3 点
STEP3 ＝ 1 つ 5 点 を加算

合計点で判定します！

点数	0～6点	7～16点	17～20点	21～34点	35～40点
愛情度	30%	40%	60%	80%	100%

詳しい結果は次のページ

診断結果をチェック！

あなたはどれだけ愛されてる？

35〜40点のあなたは… 超！ラブラブ

おめでとう！　あなたは、インコから100%の愛情を寄せられています。これからもベストパートナーとして、ずっと相思相愛の関係でいてください！　でもときには愛が高じて、あなたの手に発情してしまうこともあるので注意。

21〜34点のあなたは… 愛情たっぷり

ベタベタな関係ではありませんが、あなたはインコにとって間違いなく大切な存在です！　あなたと一緒に遊ぶのが大好きで、あなたが楽しい気分だと、インコも楽しくなって歌い出す。そんなよい関係を、これからも続けてください！

17〜20点のあなたは…

Loveより
Likeかも

あなたはインコにとって、特別な存在というよりは、群れの仲間という感じかもしれません。たくさん話しかけたり、一緒に遊ぶ時間を増やすなど、もっとインコとの時間を共有するようにしていくと、関係も変わってくるでしょう。

7〜16点のあなたは…

嫌いじゃ
ないけど…

あなたはインコから、都合のいい存在と思われているかも。おやつをもらいたいときだけ寄ってくるけれど、あなたが遊びに誘っても無視されるなど、インコに振り回されていませんか？　ときにはあなたが主導権を握るようにして！

0〜6点のあなたは…

関係を
見直そう

ちょっと残念ですが、あなたはインコにとって「けっこうどうでもいい存在」のようです。どうせなつかないし……などと思って放置していると、どんどん気持ちは離れていきます。パートナーになれるよう、これから努力していきましょう！

COLUMN 2

インコと会話したい！
おしゃべりの教え方

インコがしゃべるのは、パートナーや仲間とコミュニケーションを取りたいから。つまり、飼い主さんと直接触れ合っているときは、言葉がなくても気持ちが通じ合っていますから「しゃべりたい」という欲求はあまり起こりません。ケージから離れた場所から話しかけたり、歌って聞かせたりして、しゃべる必要性をつくることが大切です。

また、家族同士の楽しい会話を聞かせるのも効果的。インコは「みんなと一緒」が大好きですから、家族が談笑していると「ボクも会話に入りたい！」という欲求が芽生え、しゃべることに意欲的になります。

ところで言葉や歌などの覚え始めのとき、インコは「自主トレ」をします。最初のうちはゴニョゴニョ言うだけで意味不明ですが、自主トレの場面に遭遇したら「頑張って練習しているね」と励ましましょう。そして、インコが練習中の言葉や歌の見本を聞かせると、学習意欲が高まり覚えが早くなります。

しかし、インコすべてがしゃべるわけではなく、おしゃべりが苦手な子もいます。無理強いはしないでくださいね。

LESSON 3

行動の意味を探ろう［観察編］

Q31 首をかしげるのは何か疑問でもあるの？

インコゴコロ

なんだろう？

人間は思案するとき、無意識に首をかしげますよね。インコも何かが気になって「？」となったとき、首をかしげます。物事をいろいろな角度から見て、多くの情報を吸収しようとしていると考えられます。

また、気になる音がしたときなども、首をかしげます。耳を音のする方向に向けて、音をよく聞こうとしているのです。飼い主さんがしゃべっているときにこのしぐさをしたら、言葉を覚えようとしているのかも。インコの学習意欲にこたえてあげてくださいね。

鳥の格言 気になることはとことん追求

Q32 口を大きく開けて「ふわ〜」これってあくび？

インコゴコロ

ねむ〜

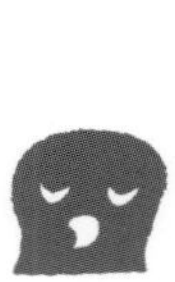

眠くなるとインコもあくびをします。日の出とともに起き、日の入りとともに寝るのが、インコの本来の生活リズムなので、夜のほうがあくびをする姿が見られるでしょう。

あくび自体は自然現象ですが、オエッと吐きそうになるあくびや生あくびは、病気の可能性があるので要注意。とくに生あくびの回数が増え、口臭が気になるようだったら、口腔《こうくう》やそのう※で真菌《しんきん》や原虫《げんちゅう》が繁殖し、炎症を起こしていることが考えられます。すぐに動物病院を受診してください。

※そのう……食道にあり、食べたものをためておく袋状の器官。

鳥の格言 あくびが出たら寝る準備

Q33

パチパチとまばたきするのは何か気になるの？

インコゴコロ

ちょっぴりドキドキ…

人間が、緊張したときにまばたきの回数が多くなることがあるのと同じで、ストレスを感じているサイン。心の緊張がまばたきに表れているのです。悪いストレスでまばたきするのは、警戒しているとき。インコの周辺にストレスの原因がないか、気をつけて観察してみましょう。また、よいストレスで、大切な相手に見つめられたときも、パチパチとまばたきしますよ。

眠いときには、ゆっくりまばたきしたあと、ウトウトと眠りだすこともあります。

鳥の格言　ドキドキするとパチパチまばたき

Q34 のびをするのはやることがなくて退屈だから？

インコゴコロ

さあ始めるぞ！

何かを始める前の準備体操。インコののびは、左翼、左足、右翼、右足と順番に伸ばしていき、最後に両方の翼を伸ばして完了。「開始行動」と呼ばれるもので、人が運動を始める前に、ストレッチをするのと同じです。

たっぷりくつろぎ、その状態に満足したあと、「エネルギーを充電したから、元気に遊ぶぞ！」とアクティブな気分になっています。インコと遊びたいときは、のびをしたときがチャンス。インコのお気に入りのオモチャなどで誘うと、喜んで乗ってくれるでしょう。

鳥の格言　準備体操で気分を遊びモードに

Q35 変なポーズをするのは、どこかに異常がある？

インコゴコロ

やってみたらおもしろかった

足の間に頭を突っ込む、おなかに頭をつけたまま歩くなど、通常では見られないポーズをしていると、「どうしたの！　どこか具合が悪いの!?」とびっくりしちゃいますね。ところが、インコ本人はとってもお気楽な状況。ちょっとやってみたら気に入ってしまい、楽しい遊びになっているのです。

変なポーズをすると飼い主さんがすかさず反応してくれるので、「これはうける！」と味をしめ、何度もやるようになります。変なポーズを次々に開発して、うけを狙う子もいますよ。

鳥の格言　**おもしろい。それが一番大事！**

Q36 頭を上下に振るのはうなずいてるの？

インコゴコロ

ウキウキワクワク♪

とってもご機嫌で、踊りだしたいような心境。好奇心を刺激される目新しいものを見つけた、ものまねがうまくできたなど、理由はさまざまですが、ハッピー気分でテンションが上がっているところです。

そんなときは、「〇〇ちゃんが楽しそうだから、私もうれしくなっちゃう！」と声をかけ、飼い主さんも一緒にウキウキしてあげましょう。飼い主さんと気持ちを共感できたことで、絆を強く感じられ、ハッピー気分がさらに高まります。

鳥の格言 ご機嫌なときは頭を振ろう

Q37 翼を少し肩から離し、わきわきと振るわせる意味は？

インコゴコロ

○○がしたいの～

インコに見られる典型的なおねだりポーズ。「遊んでよ～」「おやつが欲しいなぁ」など、飼い主さんに甘えています。甘えるのは、飼い主さんを信頼し、飼い主さんとの関係に満足しているからこそです。

甘えられるとうれしくて、何でも言うことを聞いてあげたくなりますが、わがまま放題にするのは禁物。「放鳥《ほうちょう》の時間は終わったから、今度はケージの中で遊ぼうね」など、生活のルールは教えつつ、インコが満足できるように相手をしてあげてくださいね。

鳥の格言 **おねだりポーズはラブリーに**

鳴き声
ボディ
行動
行動2
行動3

Q38
口を大きく開けて舌を出す。何を訴えているの？

インコゴコロ

ごはんちょうだい

ヒナが大きく口を開けて、親鳥にごはんをねだるように、「食べた〜い」と催促するポーズです。

おいしいものを食べるのは、インコにとっても幸せなこと。人間やほかのペットのごはんにも興味しんしんで、飼い主さんが食事をしているときに、「おいしそう！　わたしにもちょうだい！」と、このポーズでアピールすることがあります。

また、暑いときにもインコは口を開けます。口を開けていたら、まずは室温をチェックしてくださいね。

鳥の格言　おいしそうなものには貪欲に

Q39 止まり木の上を右往左往。トラブル発生？

インコゴコロ

遊んで～♥

遊びたくて仕方がない状態。飼い主さんに「遊んでよ」とアピールしています。「ケージの外で思いっきり遊びたい！」とうずうずしているので、できたらケージ越しではなく、放鳥してダイナミックに遊んであげて。気持ちをわかってくれたことで、いっそう飼い主さんのことを好きになるでしょう。

遊ぶときの重要なポイントは、人間も本気になること。とくに勝敗をつけるゲームは真剣に挑んでください。対等に扱われたと感じ、インコの喜びが倍増しますよ。

鳥の格言 遊びへの誘いはアクティブに

Q40 踊っているような動きをするときは、どんな心境？

インコゴコロ

"幸せダンス"だよ。見てね！

止まり木の上でぐるぐる回ったり、前傾姿勢でのけぞったりするのはインコのダンス。ダンスは幸せに満ちあふれているときに見られるもの。そして、喜びの気持ちを込めたダンスを、家族に見てほしいと願っています。踊っているのに気づいたら、「ダンスがうまいね。今、ハッピーなんだね」と声をかけてあげましょう。大満足します。

また、インコは動きを共有することで、仲間との絆を実感するもの。一緒に踊ってあげると、さらに張り切って踊ってくれますよ。

鳥の格言 華麗な踊りを家族に披露しよう

Q41 両肩をいからせて歩き回る。何してるの？

インコゴコロ

どやっ！

人間と同じで、肩をいからせて歩くのは「オレは強いんだぞ！」というアピール。そして、「こんな強いオレのお嫁さんになれよ！」という、〝肉食男子〟的なプロポーズなのです。求愛行動の一種で、オスのみに見られる行動です。一羽飼いで周囲にメスがいなくても、人間をパートナーとみなしている場合は、飼い主さんに対してこの姿を見せて求愛します。

　オスが発情すると、攻撃的になることもあるので、むやみに発情させない工夫も必要ですよ。

鳥の格言　男の求愛は押しが決め手だ！

こんなインコゴコロも

異常はないかな?

翼を広げて歩き回っているのは、自分の縄張りの中に怪しい者が入り込んでいないか、警備しているところ。万一、不審者に出くわしたとき自分が優位に立てるよう、翼を広げて体を大きく見せているのです。テリトリー内に異常がないことを確認すると安心し、休憩したり、遊び始めたりします。

こんなインコゴコロも

ここはボクの縄張りだよっ!

放鳥しているときに、ケージの上にしがみついて体を伏せ、翼を広げることがあります。ここは自分のテリトリーであることを、体全身で主張しているのです。とくに、オカメインコがよくやるポーズです。ケージの中にいるときに、天井にしがみついて同じようなポーズをとることがありますが、これも縄張りの主張です。

Q42 雨の日はおとなしくなる気がする。そういうもの？

インコゴコロ

雨だ。今日は静かに過ごそう

雨の日に元気になる子もいれば、静かになる子もいます。

野生の鳥も、雨の日のほうが活発に飛び回る種類と、雨を避けてじっとしている種類がいます。しいていえば、雨が降る回数が多い亜熱帯地方原産の鳥類は元気になり、雨があまり降らない乾燥地帯原産の鳥は静かになる傾向にあるようです。

飼っているインコが雨の日に静かに過ごしたいのか、元気に遊びたいのかを見極め、インコの気持ちに沿って対応してあげるのが◎です。

鳥の格言　雨の日は普段と気分が変わる

Q43 くちばしを打ちつけて音を出すのは何のため？

インコゴコロ

ビートを刻むぜ！

止まり木にくちばしを打ちつけてコンコンコン！　続いてケージに打ちつけてカンカンカン！　けっこう派手な音がすることもあるので、音を聞いた飼い主さんは、「何ごと!?」とあわててしまいますよね。

発情期のオスなら求愛行動の可能性もありますが、たいていは、単に音を出して楽しんでいるだけ。インコはシンガーであるとともに、ミュージシャンでもあるのです。また、打ちつける感触や、くちばしに伝わってくる振動がおもしろくてやる子もいます。

鳥の格言　くちばしは打楽器にもなる

Q44 止まり木にくちばしをこすりつける。何やってるの？

インコゴコロ

かゆいよ～

くちばしをかいているのです。背中がかゆいときに人間が孫の手を使うように、止まり木はくちばしをかくのに手ごろなんですね。くちばしの汚れを取るのにも、止まり木は重宝します。

また、止まり木をかじって壊すこともよくあります。くちばしが伸びすぎるのを防ぐ、巣材にするなどの理由も考えられますが、単に壊すのが楽しくてやっているだけのことが多いです。とくにコザクラインコは壊し屋さんが多く、中には1日で止まり木を破壊する強者もいるほどです。

鳥の格言　止まり木はインコの便利グッズ

Q45 止まり木に止まったまま羽をばたつかせるのはなぜ？

インコゴコロ

嫌だよっ!!

相手のふるまいが気に入らないことをアピールする、拒否や抵抗の行動。まだ寝たくないのに電気を消された、もっと遊びたいのにオモチャを片づけられた……。そんなシーンでよく見られます。人間の子どもが「もっと遊ぶの～っ!!」と、地団太《じだんだ》を踏んで駄々《だだ》をこねるようなものです。

ちなみに、人間がしつこくしたときにもこの行動が見られます。この場合は「もう遊びは終わりって言っているでしょ！　しつこいのは嫌いよ！」と、怒っている感じですね。

鳥の格言　**羽バタバタは拒否のサイン**

Q46

動くものをつつくのはどうして？

インコゴコロ

あやしいやつ！

目の前に謎の動きをするものが現れると、「動いている＝生きているもの＝攻撃されるかも」という本能が働き、インコは警戒します。普段慣れ親しんでいるはずの飼い主さんの手であっても、急に変な動きをしたら、反射的に攻撃することもあります。とりあえずつついてみて、相手の反応を見ようと探っていることも。

楽しそうにつついているなら、つつくことで動いたり、揺れたりするのがおもしろくて遊んでいるのでしょう。おおいに遊ばせてあげてください。

鳥の格言 初対面はつついてご挨拶

Q47 くちばしをギョリギョリいわせている。何のため？

インコゴコロ

ねむい…明日また遊ぼう

「もう寝るよ」というサイン。ギョリギョリという音は、明日に備えてくちばしを研いでいる音です。いわば、寝る前の歯磨きですね。くちばしはインコの大切な道具ですから、寝る前のケアは欠かせないのです。

下くちばしの先端は刃のようになっていて、かたい木の実なども割ることができます。一方、上くちばしの裏は、やすりのような形状に。上くちばしの裏を下くちばしに当てて動かすことで、下くちばしの刃の部分が研げるというしくみになっています。

鳥の格言　くちばしのケアは毎晩行うべし

Q48

「クシュン！」これってくしゃみなの？

インコゴコロ

風邪ひいたぁ

インコも風邪をひいたり、呼吸器疾《こきゅうきしっ》患《かん》にかかったときなどにくしゃみをします。音は人のくしゃみとほとんど同じです。やっかいなことに、具合が悪くないときも、人のまねをしてくしゃみをすることがあります。くしゃみのまねをすると、飼い主さんが「風邪ひいちゃったかな」などと関心を持ってくれるのがうれしいんですね。

　本物のくしゃみかまねかを見極めるポイントは、鼻水が出ているかどうか。鼻孔のまわりの羽毛が汚れていないかも、チェックポイントです。

鳥の格言　風邪のときのくしゃみは本物

Q49 片足で自分の肩やあごをゆっくりかく。かゆいの？

インコゴコロ

ヒマだ〜 遊んでぇ

すごく退屈な状態。あごや肩をかくのは、ほかにやることがないからです。「ヒマだから遊んでよ」と飼い主さんにアピールしています。「イライラするほど欲求不満」とまではいっていないので、表情はボ〜ッとしているでしょう。本当にかゆいときは、せわしなくカリカリカリッ！ とかくので、違いは一目瞭然です。

インコがこのしぐさをしているときに遊びに誘うと、「インコの気持ちがわかる飼い主さん」と認定され、株が上がること間違いなしですよ。

鳥の格言 退屈ポーズで遊びに誘おう

Q50 足を揃えてピョンピョン跳ね回る。何しているの？

インコゴコロ

こっちを見て！

ヒインコ系のインコ（ロリキート）に見られる、「かまってよ」のサイン。ヒインコ系は外見の色彩があでやかですが、外見に合わせるように、アクションも何かと派手なのが特徴です。

ヒインコに限らず、インコはみんな寂しいのが嫌いで、注目されるのが大好き。飼い主さんの興味がほかに向かっているときなどは、関心を引こうとしていろいろな行動を起こします。インコからの熱い視線を感じたときは、少しの時間でもいいので、話しかけたり遊んだりしてあげましょう。

鳥の格言 両足跳びで注目を集めろ！

こんなインコゴコロも

楽しい♪

ロリキートが床をごろごろと転がるのは楽しいとき。華やかな色彩で中型インコのロリキートが床を転がるようすは、なかなかの迫力ですが、本人はとってもいい気分。「楽しそうだね」と声をかけつつ、見守ってあげましょう。ちなみに、ヒインコ系インコは、奇妙な動きをすることが多いといわれているんですよ。

ごろん ごろーん

こんなインコゴコロも

興奮する～!!

大型インコのヨウムが床を掘るのは、何かを隠したり探したりしているのではなく、単純に遊んでいるだけ。熱中して、興奮状態になっていることが多いです。ヨウムはおとなしくて物静かな性質ですが、「遊ぶときは全力投球」がインコの心情。ヨウムも興味深い遊びを見つけたときはエキサイトしますよ。

よいしょ よいしょ
ほり
ほり

Q51 自分の毛を抜いてしまうのはどうして？

インコゴコロ

ヒマだよ〜 寂しいよ〜

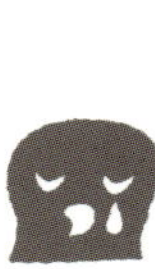

病気や寄生虫、栄養不足、皮膚《ひふ》トラブルなどで毛抜き（毛引き）を行うことがあります。まず、獣医さんに相談しましょう。健康面に問題がない場合は、過度の退屈、疲労、孤独、環境の変化、厳しい訓練などのストレスが原因として考えられます。

愛情が深く、飼い主さんにべったりの子が、皮膚が乾燥しやすい季節になると、毛引きを始めることが多いようです。毛引きは時間がたつほど治しにくくなるため、自分の毛を抜く姿が見られたら、すぐに対応してください。

鳥の格言　ストレスで毛を抜きたくなる

COLUMN

毛引きを防ぐには日光浴が効果的

日光浴不足で体内のカルシウム濃度が低くなると、イライラしてストレスがたまりやすくなります。毛引きが始まったら、まめに日光浴を行いましょう。カルシウムの生成を促すほかに、外の刺激を受けることで、心身ともに元気になれます。ガラス越しでは効果がないので、ベランダや軒下にケージを出し、たっぷり太陽の光を浴びせます。ただし、段ボールなどで日よけをつくり、強い直射日光は避けて。

こんなインコゴコロも

こうすればかまってくれる

毛を抜き露出した地肌の肉を咬むのは、飼い主さんの関心を引きたいから。「そんなことしちゃだめ！」と、かまってもらえるのがうれしいのです。自分を傷つけてでも振り向いてもらいたいという、かなり追い詰められた気持ちです。炎症を起こすなど皮膚へのダメージも大きいので、必ず動物病院で診てもらいましょう。

Q52 一年中 卵を産んでいる。どうしてなの？

このあいだも
産んだのに…

インコゴコロ

ラブラブ…

性的に成熟した小型インコ（オカメインコより小さいインコ）は、繁殖の条件がそろえば一年中発情モードになります。つがいで飼っていなくても、人間をパートナーとみなした場合は発情し、メスの場合は、一年中無精卵を生むことがあります。

卵はタンパク質とカルシウムのかたまりですから、何度も卵をつくることで、メスの体から重要な栄養素を奪い、大きな負担となります。また、産卵によるトラブルも心配。不必要な発情は起こさせないように気をつけましょう。

鳥の格言　愛の結晶は何個でも産むわよ

COLUMN

無用な発情を起こさない環境づくりを

不必要な発情はトラブルのもと。発情を促す①日照時間が10時間以上、②食べ物が豊富、③性的な相手がいる、④巣箱がある、などの条件をなくし、発情を抑えましょう。とくに日照時間を短くするのは効果的。遮光布でケージを覆い、明るい時間を短くします。普段とは違う部屋で過ごさせるのも◎。慣れない場所への不安感から、発情が抑えられます。なお、飼い主さんのスキンシップも発情期は控えます。

こんなインコゴコロも

卵が出てこないの…

メスのインコが止まり木から下り、隅でうずくまっていたら、卵詰《たまごづ》まりを起こしているかもしれません。卵が卵管《らんかん》に詰まってしまう病気で、本来の産卵期ではない寒い季節に卵ができたときに、起こることが多いようです。命にかかわる事態になりやすいので、すぐ動物病院へ連れて行きましょう。

Q53 紙を細くちぎる。その目的は？

インコゴコロ

愛の巣をつくろう♥

細くちぎった紙は、巣材《すざい》。卵を産み、ヒナを育てるための巣づくりを始めようとしているのです。発情期を迎えたオス・メス両方に見られる行動です。コザクラインコによく見られる、細長く切った紙を尾羽に挿す行為は、巣材を巣に運ぶための行動です。

飼い主さんが繁殖を望んでいるのなら見守っていてOKですが、そうでないときは、これらの行動が見られたら、発情を抑える働きかけを（Q52コラム参照）。巣材となる紙は与えないようにしましょう。

鳥の格言 婚活の第一歩は巣づくりから

Q54

自分の尾羽を追ってクルクル回る。ストレス？

インコゴコロ

これが気になる〜

　犬が自分のしっぽを追いかけてクルクル回るのと同じで、単なる遊びです。好奇心が旺盛な、若い子がよくやります。楽しくてテンションが上がってしまい、しばらくクルクル回っていることもあります。
　ストレスがたまった挙句の異常行動？　と心配する飼い主さんもいますが、今の生活に満足しているからこその行動です。ただし、あまりに長時間続ける場合は、何かトラブルが隠れている可能性も。ほかに普段と違うところはないか、観察してみてください。

鳥の格言　尾羽は一番身近にあるオモチャ

Q55 家の中を歩き回っている。どうして飛ばないの？

インコゴコロ

歩くのが楽しい♪

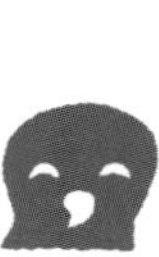

鳥というと、つねに空を飛んでいるイメージがありますが、飛べる鳥もけっこう歩いていることが多いもの。じつは、インコは飛ぶより歩くほうが好き。自然界でもビュンビュン空を飛んでいるわけではなく、近くならトコトコと歩いて移動するし、地面で遊んでいる時間も長いのです。

放鳥時にインコが家の中を歩き回ることは多く、飼い主さんの後ろをついて歩くことも。うっかり踏んづけたりしないよう、インコがどこにいるか、つねに目を配ってくださいね。

鳥の格言　インコだってお散歩したい

Q56 放鳥するたび窓ガラスにぶつかるのはなぜ？

インコゴコロ

向こうのほうが明るいぞ

理由は明白。窓ガラスの外のほうが明るいからです。より明るい場所ほど、敵をすばやく認知でき、安全なため、インコに限らず鳥は、本能的に明るいほうに行きたがるのです。だから、何度ぶつかっても同じことをします。そのとき窓ガラスが開いていたら、当然、外に出て行ってしまいます。

放鳥するときは、まずすべての部屋の窓が閉まっていることを確認してください。そしてカーテンをしめ、インコがぶつからないように注意しましょう。

鳥の格言　より明るい場所を目指そう

Q57 大きな音がするほど壁にぶつかる。何が起きたの?

インコゴコロ

パニック!!

パニックに陥っています。頭が真っ白なので、「壁があるから止まらなくちゃ」と判断できず、ドカーンと大きな音を立てるほど勢いよくぶつかることもあります。けがをすることも少なくありません。

原因は地震や、聞き慣れない大きな音など。臆病な性格の子は震度3くらいの地震でもビクビクし、神経質になります。怖がっているときは、優しく「一緒だから怖くないよ。あわてなくて大丈夫だよ」と声をかけ、パニックを起こすのを防ぎましょう。

鳥の格言　恐怖心は判断力を鈍らせる

Q58 さかさまポーズでじっとしてる。どういうこと？

インコゴコロ

えっへん！

　飼い主さんに注目してほしいときに、「こんなことができるよ！　すごいでしょ!?」という気持ちを込めてやるようです。また、ケージから出たい、飼い主さんが食べているものが欲しいなど、何か欲求を訴えるときにすることも。普段と違うポーズをとることで、注意をひこうとしているのです。

　それに、ケージの天井にとまれば、止まり木より高い位置にいられることに。"高いところ好き"のインコが高さを追求した結果、このポーズになっていることもありそうです。

鳥の格言　非日常のポーズで気をひこう

Q59 一点をじっと見つめることが。何を見ている？

インコゴコロ

あれなんだ？

インコの視力は、人間よりもかなり優秀。飼い主さんには、何もないところをじっと見ているように思えても、インコには小さなほこりや虫などが見えているのです。

インコは好奇心旺盛で、勉強熱心ですから、見つけたものの正体をつきとめるために、非常に熱心に観察します。しばらくすると飽きて、違う遊びを始めることが多いですが、どうしても気になるときは「もっと近くで見たいからケージから出して！」と訴えてくることもあります。

鳥の格言　気になるものはジーッと観察

COLUMN

遠く広い範囲まで見える鳥の視力

インコのように昼行性の鳥は、五感の中でも視力がとくに発達し、はるか遠くの物体も認識可能。視界も広く、インコは両目で330度の範囲を見ることができます。そのうえ、目から近い場所と少し離れた場所を同時に見ることもできるのです。色の識別力も、哺乳類は足元にも及ばないほどハイレベル。鳥の羽がカラフルなのは、その能力を活用し、色によって警戒や求愛などを表現しているからです。

こんなインコゴコロも

ほこりが飛んでる！

目で追うように何かを見つめているときは、ふわふわ飛んでいる綿ぼこりなどを見つけたとき。ほこりの動きを追いかけることが、楽しい遊びになっているのです。インコは動くものを見る視力（動体視力）もとても優れているので、人間は気づかない、小さなほこりの動きもキャッチします。

インコの4コマ劇場 観察編

ふとったの？
ぐう
ねてます…
あれ？ごま
ふとったんじゃない？
はちっ
じーっ
ぴよ
やせた！

鏡大好き
ごまは鏡が大好き♡
ぐちゅぐちゅ
おしゃべりします
えさもあげます
ポロポロ
じぶんってわからないのかな？

ぼくも大事にしてね
むすめの宝箱
金ピカです
うろうろ
自分がうつる
のでじーっと
みてます
じーっ
中にもキラキラな
石がいっぱーい
ごまの
おきにいりです
ピヨ

いつか きっと！
季節のかわりめ
もがよくぬける
あっ大きいの
ぬけたよ
ランラララーン
ちいさな
ふくろに
いっぱい
いっぱいためて
ごまちゃん
つくるのー♪
なにに
つかうの？

COLUMN 3

一緒に楽しもう
インコとの遊び方

飼育されているインコはごはんを探す必要もなければ、敵に襲われる危険もないので、一日中とってもヒマ。やることがなく刺激のない生活をしていると悪いことがしたくなるのは、人もインコも同じです。インコが心身ともに健康的な生活を送るためには、夢中になれる遊びをつねに提供する必要があります。

インコは好奇心と創造力が豊かで、とくに遊びについては変化と刺激を求めます。インコを夢中にさせる遊びのポイントは「ちょっと難しい」こと。少し苦労する、時間がかかる、頭を使うといったプラスのストレスがかかる遊びは、時間を忘れて没頭します。また、少しずつ難易度を上げていくのもおすすめ。たとえばインコと追いかけっこをするときは、普通の追いかけっこ→途中に箱を置いて障害物競走→途中で飼い主さんが隠れてかくれんぼ、といったように、少しずつ変化をつけると、インコのワクワク感が持続します。

遊びの好き嫌い、得手不得手はインコによってそれぞれ。その子が好む遊びの傾向を理解し、それに沿って遊びの幅を広げていくことが大切です。

LESSON 4

行動の意味を探ろう［暮らし編］

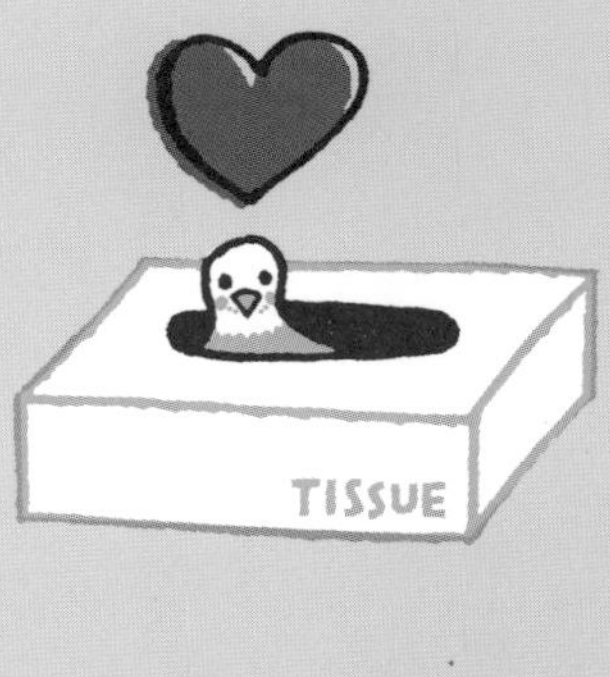

Q60 食べていないのにごはんを食べたふり。何のため?

あれ?フンの量がすくないなぁ

インコゴコロ

げ…元気だよ…

元気なふりをしています。野生下では、体が弱っていることがばれると、敵に襲われてしまうため、元気なふりをして弱みを見せないようにします。これは本能なので、人に飼われているインコも同じような行動をとります。

シードはカラが残るのでわかりづらいですが、ペレットなら"ふり"かどうか一目瞭然ですね。食欲不振の度合いは、普段と比べてフンの量がどれくらい減ったかで判断できます。食欲が低下するのはかなり具合が悪い状態なので、動物病院で診てもらいましょう。

鳥の格言　病気でも弱みは見せるな!

ごはん

Q61 足でつかんで食べるのは、器用な子？

インコゴコロ

食べやすいかも

オカメインコやセキセイインコはほとんどやりませんが、ほかの種類のインコは、持ったほうが食べやすいスティック状のものなどは、足でつかんで食べることがあります。食後に、木の枝を足で持ち、楊枝のように使って歯磨きをする子もいます。これはオカメインコでも見られる行動です。

鳥の足の指は4本で、前3本後ろ1本の「三前《さんぜん》趾《し》足《そく》」が基本形なのですが、インコの足は前2本後ろ2本の「対《たい》趾《し》足《そく》」。器用に物をつかめるのは、対趾足だからなんですよ。

鳥の格言 器用な足を使いこなせ！

Q62

ごはんをぶちまけるのは、おいしくないから？

インコゴコロ

なんかムカつく!!

ごはんがおいしくないとか、好き嫌いをしているのではなく、何か気に障ることがあって腹を立てています。昭和のアニメに出てくる、頑固親父がちゃぶ台をひっくり返すのと似たような心境です。

飼い主さんが反応するとまたやるので、ぶちまけ対策は無視するのが一番。掃除もせず、しばらくはぶちまけたままにしておきましょう。やっても効果がないことがわかれば、やらなくなります。ちなみに、単に食べるのが下手《へた》で食べ散らかす子もいますよ。

鳥の格言 腹立ちまぎれに荒々しく行動

こんなインコゴコロも

きれいにしておきたいのっ

自分のウンチを投げるのは、「ここの掃除ができてないわよっ！」というアピール。インコはきれい好きなので、汚れていると気になってしまうのです。ケージの中が汚れていると、インコの健康にも影響を与えます。ケージの敷き紙は毎日交換し、週1回はこびりついたウンチの掃除を、月1回は大掃除を行いましょう。

こんなインコゴコロも

ミネラルが足りてない感じ

ミネラルやビタミンが不足すると、まれに自分のウンチを食べることがあります。シードばかり食べていると栄養が偏ることがあるので、必須アミノ酸、ビタミン、ミネラルをバランスよく配合したペレットを加えてみましょう。それでもウンチを食べるようなら、動物病院に相談を。

Q63

大きなウンチをしています。おなかの調子が悪いの？

インコゴコロ

産卵準備中よ

卵を産みやすくするように、体の準備を整えているところです。

インコのおしりの穴は1つ。肛門の奥にクロアカ（総排泄腔《そうはいせつくう》）という袋があり、卵もウンチもクロアカを通って肛門から出てきます。卵はウンチと比べたら、かなり大きいですよね。いきなり卵を通すのは大変なので、ウンチをクロアカにためこんで大きくし、袋をふくらませ、やがて迎える産卵がスムーズにできるようにしているのです。

そのほかに腹水《ふくすい》、卵管炎《らんかんえん》、腫瘍《しゅよう》などの病気の可能性もあります。

鳥の格言 大きなウンチで産卵準備

Q64 ウンチをするときにおしりを振る。何のため？

インコゴコロ

う〜ん苦しい…

便秘でウンチがなかなか出てこない状態。人間が便秘のときに力むのと同じです。運動不足などで消化器官の働きが悪くなると、インコも便秘になります。放鳥時に通常よりたくさん運動をさせましょう。また、いつもと同じごはんを食べていても、腸の動きが悪いときは便秘になりますが、ごはんを変えてようすを見るのもいいでしょう。

ウンチはインコの健康状態を明確に教えてくれるもの。毎日の掃除のときにウンチをチェックし、普段と状態が違ったら早めに動物病院へ。

鳥の格言　力む代わりにおしりフリフリ

Q65 眠ってばかりいるのは睡眠不足なの？

インコゴコロ

体力が低下してます

いつもより眠っている時間が長くなるのは、調子が悪い証拠。インコの体温は通常42度程度ですが、体調が悪くなると体温が低下し、食欲も減退。食べないからさらに体温が下がって、どんどん具合が悪くなる……という悪循環に陥ってしまいます。

眠ってばかりいるときは、ケージの隅に白熱灯を当て、インコが温まれる場所をつくりましょう。保温すると食欲がわき、体調も整ってきます。電球の影響で乾燥するので、新鮮な水がいつでも飲めるようにしてくださいね。

鳥の格言 体が弱ると眠くなる

Q66 夜になったのに遊ぶ気満々。眠くないの？

インコゴコロ

遊び足りないよ！

体力がたっぷりあり、遊びたい盛りの若いインコは、睡眠よりも遊びを優先したいので、宵っ張りになりがち。人間の中高生が「早く寝なさい！」と叱られても、深夜まで起きているのと同じですね。

でも、人間もインコも早寝早起きは健康の源。インコは日の出とともに起き、日の入りとともに寝るのが自然の姿です。日が暮れたらケージにカバーをかけ、夜の世界をつくりましょう。どんなに遊ぶ気満々でも、暗くなると動きが止まり、眠る準備を始めます。

鳥の格言　若いときは夜遊びがしたいのさ

Q67

水に浸かっていないのに水浴びのまね。どうして？

インコゴコロ

水浴びがした～い！

インコはきれい好きなので水浴びも大好き。水がないのに、水浴びをしているようなしぐさをしているときは「水浴びがしたいから準備してよ」とおねだりしているのです。

水浴びは、お皿に水を張ってもいいですし、霧吹きでミストを浴びさせてもOK。インコが喜ぶ方法でやってあげましょう。水浴びをすることで、寄生虫やフケ、脂粉《しふん》などを洗い流したり、ストレスを発散する効果が期待できます。水浴び中は、事故防止のために見ていてくださいね。

鳥の格言 “エア水浴び”で催促しよう

こんなインコゴコロも

今すぐ、水浴びがしたいっ

水入れに飛び込んでしまうのは、水浴びしたくてたまらず、我慢できない状態。通常、週1回程度のペースで水浴びをさせていれば満足しますが、暑い季節はもっと水浴びがしたくなり、目の前にある水入れで代用してしまうのです。水入れで水浴びをするのを習慣にしないよう、すぐ水浴びの準備をしましょう。

バシャーン

こんなインコゴコロも

水浴び、水浴びうれしいな♪

水浴びの準備をしているときに走り回るのは、大好きな水浴びができるのがうれしくてテンションが上がっているから。また、「水浴びがしたいなぁ」というインコの気持ちを、飼い主さんがわかってくれたことも大きな喜びになっています。「Wのうれしさで幸せの絶頂！」という感じですね。

水浴びの
時間だよー
タタタ
タタタ
タタタ

Q68 ケージの中に巣箱は入れないほうがいい？

インコゴコロ

勘違いして発情しちゃうよ

巣箱は眠ったり休んだりするところ、というイメージがありますが、インコにとって巣箱は子育てする場所。巣箱があると、発情してしまいます。繁殖を考えていないのなら、巣箱は入れてはいけません。

子育て中以外、野生のインコは休むのも眠るのも木の枝に止まって行います。だから飼われているインコも、止まり木があれば十分なのです。これは季節を問いません。冬の寒さをしのぐには巣箱があったほうがいい、と考えるのも間違いですよ。

鳥の格言　巣箱発見＝発情スイッチオン！

居場所

Q69 外に逃げたら家には帰ってこられない?

インコゴコロ

おうちの場所はわからないよ

家の中以外の世界を知らないインコがうっかり外に出てしまったら、自分で家を探し当てることはできません。外の世界は車やカラス、猫など怖いものがいっぱい。「逃げなきゃ!」とパニックになり、どんどん家から遠ざかってしまうのです。

でも、逃げたインコはたいてい、数十メートル~数百メートルの位置で一度止まり安全確認をします。このとき飼い主さんの声が聞こえると、その方角に戻ってくることがあります。逃げたらすぐ名前を呼びましょう。

鳥の格言 箱入りインコは逃げたら迷子に

Q70

入れ物に顔を突っ込んでいる。何やってるの？

インコゴコロ

声の反響を楽しんでるよ

インコはつねに、〝おもしろそうなもの探し〟をしています。入れ物が転がっているのを発見し、「これは何かな？」と顔を突っ込んで点検しているとき、何気なく声を出してみたら、中で声が反響したのが楽しかったのでしょう。入れ物が危ないものでなければ、「新しい遊びが見つかってよかったね」と、そばで見ていてあげましょう。
　大きさの違う入れ物をいろいろ用意してあげると、反響の違いや感触の違いなどを楽しめ、インコの学習意欲を刺激しますよ。

鳥の格言　いつもと違う音がするのが快感

Q71 狭い場所に入りたがるのはどうして？

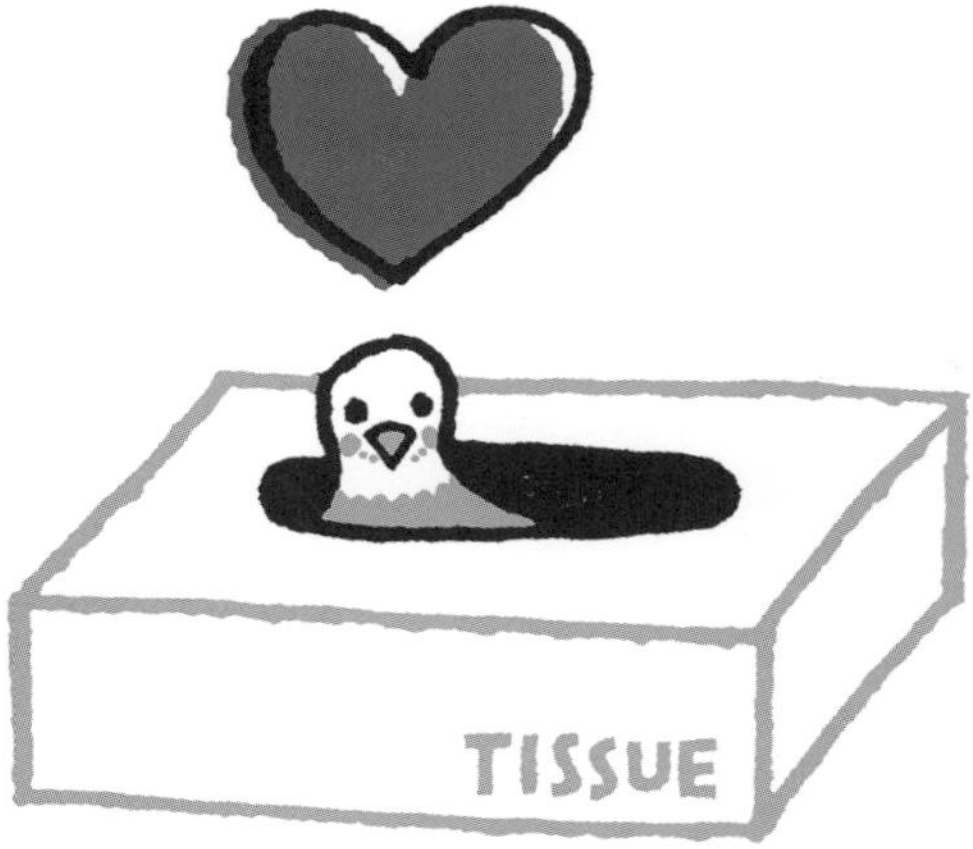

インコゴコロ

何があるのか確かめないと！

冷蔵庫と壁の隙間や押し入れの隅など、狭い場所は落ち着くから好きなのです。それに、狭い場所の奥には何か"いいもの"があるんじゃないかと、好奇心がそそられてしまいます。また、「見えないものは見に行かなくちゃ！」と考えるので、顔が入る場所はすべてのぞいて確かめたくなります。

　ところで、狭い場所は巣にも快適な場所。遊んでいるうちに繁殖行動が始まらないように気をつけましょう。思わぬ事故も起こりやすいので、目を離さないようにしてください。

鳥の格言　インコはみんな隅っこ探検家

Q72 高いところに止まりたがる。どういう心境？

インコゴコロ

ボクのほうが偉いんだっ！

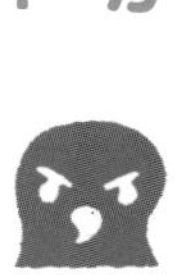

インコの敵であるワシやタカなどの猛禽類《もうきんるい》は、上空から獲物を狙っています。そのため、インコは自分より上にいるものは危険とみなし、身を守るためには、より上にいることが重要だと考えます。それが変化して、「高い位置にいる者が偉い」という認識に。だから、高い位置にいたがるのです。

たまに高い場所にいる程度なら問題ありませんが、高い場所が定位置になると、人間を上から目線で見るようになり、性格もわがままになってしまいますよ。

鳥の格言 高い場所にいたらいばってよし

Q73

ケージに戻ろうとしない。どういう気持ち？

インコゴコロ

ここは全部わたしの家！

ケージの中を自分の安全な縄張りと思えるインコは、部屋に放鳥してもらい楽しく遊んだあと「ケージに戻って休もう」となります。でも、家中すべてを縄張りと思っているインコは、ケージに入る必要性を感じないため戻るのを嫌がります。そうならないためには、最初から放鳥する時間を決め、メリハリをつけることが大切です。

スムーズに戻ってもらうためには、「ケージの中は楽しい」と思わせること。おやつや好きなオモチャはケージにしか置かないなどの工夫をしてみて。

鳥の格言 狭いケージは退屈きゅうくつ

Q74 ケージから出ようとしない。どういう気持ち？

インコゴコロ

外は怖いよ…

好奇心と冒険心が旺盛なインコは、放鳥の時間を心待ちにしていますが、中には好奇心よりも怖さが先に立ち、ケージから出るのを嫌がる子もいます。また、放鳥時に痛い思いや怖い思いをしたことを覚えていて、ケージから出てこなくなることもあります。

好きなオモチャをケージの外に置いたり、家族が楽しく遊んでいる姿を見せたりして、ケージの外が安全で楽しいことをアピールしましょう。無理じいせず、時間をかけて少しずつ慣らしていくことが大切です。

鳥の格言　我が家は安全、外は危険

Q75

鏡をのぞきこむ。自分だってわかっているの？

鏡に映る姿を自分だとは思っていません。「友だちが遊びに来てくれた！」と喜んでいるところです。

インコは仲間と一緒に行動するのが大好き。鏡の中の友だちはいつも同じ動きをしますから、それがうれしいのです。インコ語でいろいろと話しかけたりして、飽きることなく一人遊びを続けます。留守番中も退屈しません。

しかし、鏡の中の友だちへの愛が深まりすぎると、発情してしまうことがあります。鏡に向かって吐き戻しを始めたら、鏡遊びはやめさせましょう。

インコゴコロ

キミはだあれ？

鳥の格言 鏡の中には一番の親友がいる

Q76 オモチャを床に落とすのは、何のアピール？

インコゴコロ

もういらな～い

熱中して遊んでいた物を、突然床に落とすのは、その遊びに飽きたから。「これはもういい」という意思表示です。ところが「落としたな～!!」と飼い主さんが反応したり、拾ってあげると、それが新たな遊びになり、またそのオモチャを使って遊び始めます。

物を引っ張ったり、移動させようとするのも楽しい遊び。ひとりで遊ぶ姿を見ていてほしい子もいれば、飼い主さんが参加するとさらに張り切って遊ぶ子もいます。インコの好みに合わせて、かかわってあげましょう。

鳥の格言 遊び飽きた物は目の前から消去

Q77
オモチャで遊んでくれない。どうして？

インコゴコロ

欲しいのはコレじゃない

インコはオモチャで遊ぶのが大好きですが、何を与えても喜ぶというわけではありません。用意したオモチャがインコの感性に合わず、遊んでくれないのはよくあることです。

また、興味を持つまでに時間がかかることも。そんなときは①ケージの外に置いて存在に慣らす、②紙にくるんだりしてインコに発見・発掘させる、③人間が楽しそうに遊んでみせる、といった方法を試してみましょう。「意外とおもしろそうかも」と思えたら、そのうち遊び始めることもあります。

鳥の格言 **オモチャにはこだわりを持とう**

インコの4コマ劇場 暮らし編

帰る時間
ごまは一度出ると
ケージに戻すのが大変
そーっと
そーっと
あ～ん
ぴょん
こっちが
入り口
こんどこそ
まだあそぶ
ぴょん
ごま～

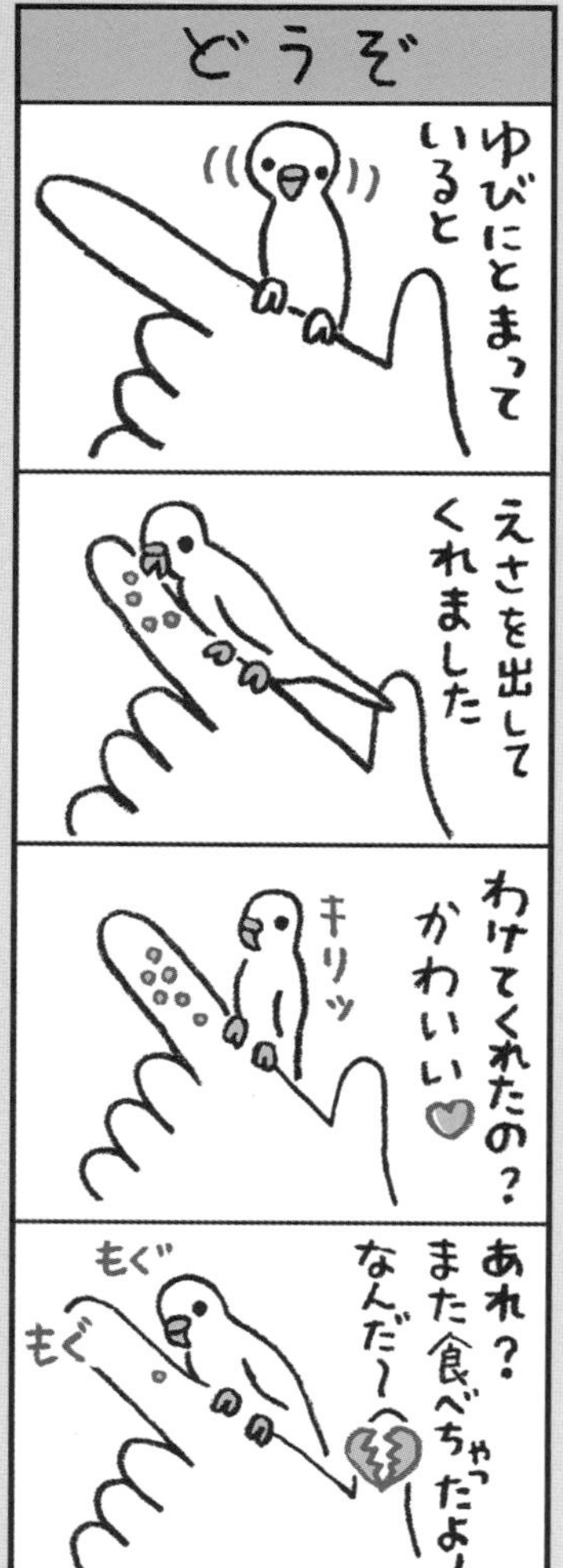
どうぞ
ゆびにとまって
いると
えさを出して
くれました
わけてくれたの？
かわいい♡
キリッ
あれ？
また食べちゃったよ～
なんだ～
もぐ
もぐ

水浴び
水浴びの用意をしても…
ごまはしらんかお
チャパチャパ
きもちいいよー
水道を出してあげると…
浴びにきます
どうやらシャワー派みたいです

見学中
中学生の息子頭髪検査があります
前日に切らないとね
耳のまわりをちょっとだけ…
チョキチョキ
なにしてるの?
こらどけー!
ピヨ
ごまー
あはは
手が出せません

COLUMN 4

昔から身近な存在
インコと人間の歴史

世界には300種類以上のインコ・オウムがいるといわれていますが、その多くがアジア、アフリカ、アメリカ、オーストラリア、ポリネシアの比較的温暖な地域が原産です。

じつは、セキセイインコの語源はアボリジニの言葉で「おいしいもの」という意味なのだとか。当時の人々にとって、インコは身近な食料だったようです。その反面、紀元前には王様がインコを飼っていたようですし、古代ローマ時代になると、インコやオウムに言葉を教えて楽しむ人々もいたよう。いずれにしろ、インコと人間の付き合いは非常に長いのです。

日本では江戸時代に鳥を飼うことがブームになり、インコやオウムも輸入されました。といっても、将軍や大名、公家といった一部の高貴な人たちしか飼えない特別な存在。

インコが日本でペットとして広く認知されるようになるのは、インコの国内繁殖が盛んになった1950年代から。小鳥ブームが起こり、当時の人気ナンバーワンはセキセイインコでした。オカメインコも飼われていましたが、かなり高価だったため、セキセイインコほど親しまれていなかったのです。

LESSON 5

行動の意味を探ろう［コミュニケーション編］

Q78 二羽で同じことをするのは、仲よしの証拠？

インコゴコロ

一緒だと安心だね

Q75の鏡の中の友だちと同じこと。お互いの行動をまねすることで、「二人は仲間」「とっても仲よし」と確認し、安心し合っているのです。これは、仲間が集まりみんなで同じようにふるまうことで敵から身を守る、防衛本能に基づく行動です。

では、インコの仲間がいないインコは不安なのかというと、そんなことはありません。一羽飼いのインコは人間を仲間とみなしているので、人間と同じことをすることで、同じように安心感を得ることができます。

鳥の格言 仲間と同じ行動をして安全確保

こんなインコゴコロも

一緒に食べよ～

人間をパートナーにしているインコは、飼い主さんの行動をよく見ているので、飼い主さんが食事を始めると、「ボクもごはんの時間だよ」というように自分も食べ始めます。そんなときは「一緒に食べるとおいしいよね」と声をかけてあげましょう。行動と気持ちの両方を共有できたことで、満足感がグンと高まります。

こんなインコゴコロも

一緒に寝ようね

飼い主さんがソファなどに横になり、寝たふりをしていると、「仲間が寝ているから、安全なんだな」と認識。そして「ボクも一緒に寝るからね」と目をつぶり、ウトウトと眠り始めます。インコの睡眠サイクルは数十秒～数分単位が基本。インコが安心して眠っている間は、そっとしておいてあげましょう。

Q79 羽づくろいをし合うのは、どんな意味？

インコゴコロ

ボクたちは仲よしさ！

動物にとって羽づくろいや毛づくろいはスキンシップ。親愛の情を示すものです。人間の握手や抱擁のようなものですね。ラブラブなインコ同士は、羽づくろいだけでは足らず、くちばしとくちばしでキスをして、愛情を確かめ合ったりもします。

人間をパートナーにしているインコの場合は、人間の髪の毛などを毛づくろいしてくれます。そんなときは、お返しに頭や頬をカキカキしてあげるのをお忘れなく。愛情を確認でき、インコも満足しますよ。

鳥の格言 羽づくろいで二人の絆が深まる

対インコ

Q80 顔を縦に振り、食べたものを吐き戻す。気持ち悪いの？

インコゴコロ

愛してるっ♥

吐き戻しは、発情期に入ったインコが、「結婚しようよ」と相手を誘う行動。吐き戻しは、相手へのプレゼントなのです。顔を縦に振るのは、相手にプレゼントを食べさせるときに、そのほうがスムーズだから。つがいで飼っていなくても、鏡の中の自分や飼い主さんなどに吐き戻しを行うことがあります。

注意したいのは、顔を横に激しく振りながら吐くときは、そのう炎などの病気の可能性が考えられること。生あくびや飲水量も増えていたら、動物病院を受診してください。

鳥の格言　**愛の告白に贈り物は欠かせない**

Q81 相性のいいインコ、悪いインコがいるの?

インコゴコロ

好き嫌いはわりと激しいよ

人間同様、インコもフィーリングが合わない相手とはうまくいきません。相性が悪いインコを同じケージに入れると、ごはんを隠して意地悪したり、血を見るほどのケンカになることも。とくにコザクラインコは、かなり厳しく審査してパートナーを選びます。

新しい仲間を迎えるときは、ケージ越しにお見合いをし、相性を確認。仲よくできそうだったら、同じケージに入れます。ケージを新調し、先住者と新入りという上下関係をつくらないようにするとうまくいきやすいですよ。

鳥の格言 お見合いで相性を確認すべし

対インコ

Q82 二羽でおしゃべり。何を話しているんだろう？

インコゴコロ

井戸端会議してます♪

実際に何を話しているのかはわかりませんが、仲のいいインコは、始終インコ語で会話をしています。人間と同じように、音声で情報を伝えつつ、身振りやしぐさで内容を補足したり強調したりして、意思や感情を伝え合うのです。「飼い主さん、ケージの掃除を手抜きしてない？」「最近忙しいみたいよ」なんて言っているのかも。

相性のいいインコは、コンビネーションも抜群。歌を分担して歌ったり、一方が歌い、一方が合いの手を入れる、なんてこともするんですよ。

鳥の格言　仲がいいほど会話が増える

Q83 人の頭や肩に乗りたがる。なぜなの？

インコゴコロ

そばにいたいんだ

よく慣れているインコなら、「人間がすることを近くで見たい」「かまってほしい」という気持ち。人間との信頼関係を構築途中のインコの場合は、「近くにいたいけど触られるのはちょっと怖い」「じっと見られるのはまだ苦手」という理由からのようです。言葉を近くで聞きたい、ピアスやネックレスが気になるという子もいます。

人の頭や肩が好きでも定位置にするのはNG。高い位置にいることで「オレが一番偉い！」と思い込み、自分勝手にふるまうようになってしまいます。

鳥の格言　人の頭や肩は何かと都合がいい

Q84 人の手や指に乗るときはどんな気持ち？

インコゴコロ

乗るといいことがあるの

インコが手や指に乗るのは、ケージから出られる、遊んでもらえるなど、いいことがあると思っているから。つまり、「この手は必ずいいことをしてくれる」という信頼感から乗るのです。インコが喜んで指に乗ったら、あなたとインコはいい関係が築けていますよ。

あなたの指に乗るのに慣れたら、ほかの家族もチャレンジ。あなたの指から家族の指にインコを渡し、乗ったらたくさんほめましょう。「ほかの家族の指もいいことがある」とわかれば、みんなの指に乗るようになります。

鳥の格言 指に乗るとみんながハッピー

Q85 人の手を怖がるのはどうして？

インコゴコロ

前に嫌なことがあったんだ

楽しく遊んでいたのに突然つかまれてケージに戻された、痛い思いをしたなど、「人の手＝嫌なもの」というイメージができているインコは、手を怖がり、手を見ると逃げようとします。

手を好きになってもらうには、手と大好きなものをセットにし、手に近づいたらほめながら大好きなものを渡すのが効果的。少しずつ距離を縮めていけば、そのうち手に乗ることにも抵抗がなくなるはず。あせらず、根気よく続けることが重要です。また、嫌なことは絶対しないように注意を。

鳥の格言 嫌なことされたら手は敵だ！

Q86 咬みついてくる。何がそんなに気に入らないの?

インコゴコロ

あっちいけ!!

野生のインコは、攻撃のために咬むことはほとんどありませんが、飼われているインコは、人間に敵意を向けて咬むことがあります。普通に咬むだけでなく、咬んでからひねるなど、よりダメージを与える技も心得ています。

咬む理由は、発情期の興奮、反抗期のイライラ、不満、嫉妬などいろいろですが、痛がるとインコの思う壺。ぐっと我慢してインコを見つめ、「フッ」と強く息を吹きかけましょう(P51参照)。これはいけないことだとインコに伝わります。

鳥の格言 インコもときにはやさぐれる

Q87 近づいてきて頭を下げる。おじぎをしているの？

インコゴコロ

なでて〜

頭を下げてくるのは、「ここをなでてちょうだいな」という催促。飼い主さんに甘えたい気分で、スキンシップを求めているのです。「〇〇ちゃんのことが大好きだよ」と話しかけながら、頭や頬をなでてあげると、インコはうっとりします。

このしぐさをしたときスルーされると、インコはとても寂しい気持ちに。何度か続くと飼い主さんへの不信感から心がすさんでしまうこともあります。忙しいときは短時間でもいいので、なでてあげてくださいね。

鳥の格言　カキカキされたい、今すぐに

Q88 手におしりをこすりつけてくる。何しているの？

インコゴコロ

お前にぞっこん！

発情期のオスに見られる行動。実際に交尾をしようとしているのです。飼い主さんへの愛情が深まり、「この人をお嫁さんにする！」と気分が最高潮に達してしまったわけです。

インコにそこまで愛されたら飼い主冥利に尽きますが、喜んでばかりもいられません。不要な発情はオスの体にも負担になります。この行動が見られたらすぐケージに戻しましょう。そして発情がおさまるまでは、インコがその気にならないようにスキンシップも控え、クールな関係を心がけて。

鳥の格言 好きな女性には猛烈アタック

Q89 寄り添ってきて尾羽を上げる。何しているの？

インコゴコロ

わたしと結婚して！

発情期のメスに見られる行動で、交尾に誘っています。「あなたの子どもがほしいの！」と迫っている感じですね。メスも、飼い主さんのことが好きなあまり発情モードに入ると、このような「おさそい行動」を起こします。

とくにメスは、発情によって無精卵をつくったり、その影響で卵詰まりを起こしたりと、体へのダメージが大きいのが心配。可能ならほかの家族に世話をお願いし、「夫」に認定された飼い主さんは、インコとのスキンシップを極力控えるようにしたいですね。

鳥の格言 女だって攻めの姿勢が大切！

Q90 指を移動させると追ってくるヒナ。何か意味がある？

インコゴコロ

なになになに？

動かした指を追いかけるのは、「何しているの⁉」と好奇心が刺激されワクワクしているから。いろいろなものに関心を持ち、学習意欲が高い証拠なので、賢いヒナと言えます。目もキラキラと輝いていることでしょう。

こういうヒナは、敷きわらをつついたり、目につくものは何でも点検してみたりと、おもしろいことを探すのが得意です。また、人への関心も高いので、人に慣れやすいはず。ヒナを選ぶときのチェックポイントにするといいですよ（Q18参照）。

鳥の格言 頭がいい子は好奇心旺盛！

Q91 人のあとをついてくるのは寂しがり屋？

インコゴコロ

ボクを置いていかないでよ

飼い主さんのことが大好きで、なついているからこその行動。いつでも一緒にいたいんですね。また、野生のインコは群れから離れたら生き残れません。飼われているインコも「一羽になるのは危険」と本能的に感じるので、仲間（人間）のあとを追いかけて一羽になるのを避けようとするのです。

あとをついてくるときは自由にさせてあげましょう。ただし、ドアでインコを挟むなど事故につながることもあるので、後ろにインコがいることを念頭に置いて行動してください。

鳥の格言 集団行動で危険を回避せよ

Q92 髪の毛にもぐりこんだり、くわえたり。遊びなの？

インコゴコロ

好き〜♥

羽（毛）づくろいをしています。羽づくろいは、親愛の情を表すスキンシップ。飼い主さんのことを好きで、「もっと仲よくなろうよ」とアピールしているのです。

また、人間の髪の毛を「快適な巣」と感じてしまうことも。好きな人の近くで巣づくりできるなんて、とても恵まれた環境ですから、「子どもをつくらなくちゃ！」と発情してしまいます。インコがその気になりそうなときは、頭に乗ったらすぐに降ろし、違う遊びに誘ってください。

鳥の格言　愛を込めて髪づくろい

Q93

洋服や手の中にもぐりこんでくる。休んでるの？

インコゴコロ

くっついていたいのよ

好きな人と触れ合っていたいと願うのは、人間もインコも同じ。それだけ好かれているということです。「くっついてると幸せだよね」と共感してあげると、とてもリラックスして心が安定しますよ。

ただし、あまり頻繁に行うと、発情を促してしまうことも。放鳥するたびにもぐりこんでくるときは、インコが興味を持つような遊びに誘い、気をそらせるようにしましょう。発情の兆候が見られたときは、もぐりこませるのはしばらくお休みしましょう。

鳥の格言 ぬくもりにずっと包まれていたい

こんなインコゴコロも

かまってよ～

洋服の首元や裾などをくわえて引っ張るのは、「遊んで」アピール。放鳥時に飼い主さんがほかのことをしていて、かまってくれないときに見られる行動です。放鳥は人間とインコの大切なコミュニケーションの場でもあります。インコが遊んでほしそうにしているときは、飼い主さんも本気になって遊びましょう。

こんなインコゴコロも

咬み心地がいいね

洋服をガジガジと咬むのは、何かを訴えているのではなく、単に咬み心地を楽しんでいるだけ。かじるのは、インコがかなり熱中する遊びです。インコは体を軽量化するために歯がありませんが、くちばしで固いものも砕きます。ボタンなどを食いちぎって飲み込まないよう、目を離さないでくださいね。

Q94 いなくなると大声で鳴くのはどうして？

インコゴコロ

寂しいよ〜

飼い主さんが家にいるのに姿が見えなくなると、「ここに来てよ！」と大声で鳴いて呼びます。これは「仲間から孤立する＝敵に襲われる」という本能的な危機感によるものです。

別の部屋に行く前に「ちょっと洗濯物を干してくるから待っててね」などと説明し、今何をしているか知らせると、仲間外れにされたわけではないことがわかり、不安を解消できます。鳴いてからフォローするのではなく、インコが鳴かずに済むように対応することが重要です。

鳥の格言　孤立すると危険を感じて不安に

COLUMN

一羽と複数では人間との関係が異なる

一羽飼いだとインコは人間をパートナーと見なし、飼い主さんのことを大好きになるので、インコとの甘い関係を堪能できます。一方、複数飼いだとインコ同士の関係が親密になる分、人間との結びつきは希薄に。新しく迎えたインコとラブラブになると、それまで手乗りだった子が手に乗らなくなることもあります。複数飼いをするときは、「人間は単なるお世話係」になってしまうことも覚悟しましょう。

こんなインコゴコロも

おかえり〜遊ぼうよ！

帰ってきた途端に鳴き始めるのは、「待ってたよ〜。早く遊ぼう！」という期待感から。帰宅したらいろいろやることがあるとは思いますが、少しだけでも遊んであげれば満足できるので、まずは相手をしてあげて。そのあと「しばらくひとりで遊んでね」とお気に入りのオモチャを渡せば、おとなしくなるでしょう。

Q95

話していると口元に顔を近づけてくる。何か気になるの？

インコゴコロ

お話して！

人が口から声を発するのを理解していて、「もっとお話が聞きたいな」とねだっているのです。「わたしの話をしてよ～」とリクエストしていることもあります。口元に顔を近づけてきたとき、「○○ちゃんがね……」とインコの話題を出すと、うれしくて会話に参加してくるかもしれません。

一方、食事中に口元をのぞきこんでくるのは、「何を食べているの？　わたしも食べたい」という気持ち。つい一口あげたくなりますが、インコの健康のためにお互い我慢しましょうね。

鳥の格言　間近でおしゃべりのリクエスト

Q96 新聞を読んでいると、その上に乗ってくる。なぜ？

インコゴコロ

かまってよ！

飼い主さんの関心が自分に向いていていないのがわかっていて、「新聞じゃなくてこっちを見て！　遊ぼうよ～」と訴えているのです。

　大好きな飼い主さんと同じ場所にいて、同じことをすることで、インコは精神的に安定し、性格も穏やかになります。とくに放鳥しているときは、インコとしっかり向き合い、思う存分遊んであげることで、飼い主さんへの愛情と信頼感が深まります。新聞を読みながら、テレビを見ながらなど、"ながら放鳥"はやめましょう。

鳥の格言　わたしが絶対最優先！

Q97
人の顔や手をなめるのは求愛行動？

インコゴコロ

ミネラル不足なのかも…

インコの愛情表現に「なめる」はありません。たまになめる程度なら、遊びでやっているのかもしれませんが、たび重なるときは、体内のミネラル不足が原因として考えられます。ごはんの内容を見直してみましょう。

タンパク質、脂質、炭水化物の三大栄養素に加え、ビタミン、ミネラルをバランスよくとることが、インコの健康維持には不可欠。シードだけだと栄養バランスが偏りがちなので、ビタミンやミネラルを確実に摂取できるペレットをプラスしてみましょう。

鳥の格言　人間の手は塩風味

Q98 落ち込んでいると来てくれる。なぐさめてくれたの？

インコゴコロ

いつもと違うね？

気分が沈んでいるときにインコが寄り添ってくれると、なぐさめてくれたのかと思ってうれしくなりますね。残念ながら、インコはなぐさめようとは思っていないのですが、飼い主さんのようすがいつもと違うことは理解しています。どうしたのかと興味を持ち、そばでよく観察しようとするのです。

なぐさめではなくても、悲しいときにインコが来てくれたら癒されますよね。「そばにいてくれてありがとう」と言ってあげて。うれしくなって、また同じようにしてくれますよ。

鳥の格言 家族の変化は敏感に察知

Q99 家族の中で、特定の人だけひいきする？

インコゴコロ

パートナーを選ぶよ

インコは家族の中から特定の人をパートナーに選び、ほかの家族とは明らかに差をつけます。パートナーへの愛情が深すぎると、ほかの家族に攻撃的になるなど、トラブルになることもあります。オンリーワンの傾向が見られたら、インコが家族全員と仲よくできるよう、パートナーがインコと家族の橋渡しをしなければいけません。

パートナーの手からほかの家族の手にインコを移らせ、できたら大絶賛します。また、おやつはパートナー以外の人が与えるのも効果的です。

鳥の格言　好きな人以外はどうでもいい

対飼い主

Q100 子どもばかり攻撃する。子ども嫌いなの？

インコゴコロ

ボクのほうが偉いんだぞ！

放鳥時に上から子どもをつついたり、インコを手渡すときに子どもの手を咬んだりすることがあります。子どもが嫌なわけではなく、子どもはたいていインコより低い位置にいるので、「高い位置にいる者ほど偉い」の法則に従って強気になっているだけです。

インコを手に乗せた大人がしゃがみ、子どもの目線より低い位置からインコを渡すようにすれば、子どもを咬まなくなるはず。子どもへの攻撃が激しい場合は、ケージを子どもの目線より下の位置に置くようにしましょう。

鳥の格言 上から目線で強気に変身

インコの4コマ劇場 コミュニケーション編

おかあさんよ
ごまが
ヒナのころ…
ピーピー
すぐ足の間に
入ってきました
ピーピーピー
ヒナ同士で
あたたまってたから
寒いのかなぁ？
なんか
親鳥のきもち♫
かわいいなぁ
ピーピー

こわいの
ヒナのころ
病気で
おくすりを
のんでた
せいで
手をこわがる
ように…
てのひらは
いやなの！
手の甲なら
いいよ
ぴょん

ごまの定位置
いつも頭にのります
高いところが好きみたい♪
家族でいると…
かならずパパの上
ピヨ
ぼくが一番上だよ
ずるーい!
ずるーい

しまい忘れ
ごまをしまいだれておやつ
とうもろこし
いただきまーす
パタパタ
じーっ
あーごま出てたー
いそげ
メガネにおりて
あ〜んやめて〜!
あーとうもろこしとられたー

チャートでわかる！

うちの子にピッタリのオモチャ診断

オモチャの好みはインコそれぞれ。うちの子に一番ピッタリのオモチャはどんなタイプ？チャートで診断します！

YES →
NO …>

START

かたいものも頑張ってかじる

寂しがり屋な性格だ

一羽だけで飼われている

どちらかというとおとなしいほうだ

好奇心が旺盛だ

音が出るタイプ

姿が映るタイプ

アスレチックタイプ

破壊タイプ

知育タイプ

音まねがうまい

アクロバティックな動きをする

ムキになるところがある

詳しい結果は次のページ

診断結果をチェック！

うちの子に合うオモチャは？

つついて楽しい♪ **音が出るタイプ**

こんなオモチャがおすすめ！

あまり動き回るほうではなく、音まねがうまいインコには、つつくと音が鳴る鈴などがついたオモチャがおすすめ。音を鳴らして、自分も一緒に歌ったりして遊びます。ケージにかけるタイプなら、いつでも遊べて◎。

毎日うっとり♥ **姿が映るタイプ**

こんなオモチャがおすすめ！

一羽飼いでひとりで過ごす時間が長いインコや、寂しがり屋なインコには、鏡のついたオモチャがおすすめです。鏡に映った自分をお友だちにして、たいくつやひとりぼっちの寂しさも和らぎます。

リンリン♪

キミ
かわいいね

すごい
でしょ

たのし〜

ムムム…

監修
磯崎哲也（いそざき　てつや）
ヤマザキ動物専門学校非常勤講師。一級愛玩動物飼養管理士。欧米の鳥類獣医学や科学的飼養管理情報の収集、研究と普及に努めている。著書は『幸せなインコの育て方・暮らし方』（大泉書店）、『楽しく暮らせるかわいいインコの飼い方』（ナツメ社）など。

スタッフ

カバーデザイン　松田直子
本文デザイン　倉又美樹（zapp!）
イラスト　さかじりかずみ
執筆協力　東裕美
編集協力　株式会社スリーシーズン（齊藤万里子）

インコ語レッスン帖
2017年9月13日　第13刷発行

監修者　磯崎哲也
発行者　佐藤龍夫
発行所　株式会社大泉書店
〒162-0805　東京都新宿区矢来町27
電話　03-3260-4001（代表）
FAX　03-3260-4074
振替　00140-7-1742
URL　http://www.oizumishoten.co.jp/
印刷所　ラン印刷社
製本所　明光社

ISBN978-4-278-03909-2　C0076

INDEX

※鳴き声は太字で示しています

な行

は行

ま行

や行

楽しく運動！　アスレチックタイプ

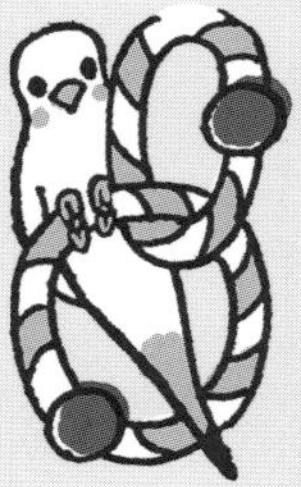

こんなオモチャがおすすめ！

アクティブで体を動かすのが好きなインコには、ぶら下がったりして遊べるオモチャがおすすめ。狭いケージでも、このタイプのオモチャがあれば上下移動のできる空間が加わり、運動の幅が広がります。

かじかじ大好き　破壊タイプ

こんなオモチャがおすすめ！

かじったりちぎったり、破壊するのが大好きなインコにピッタリなのは、壊して遊べるオモチャ。わらや木でつくられた安全素材のものを選びましょう。かじり心地など好みがあるので、いろいろなタイプを試してみて。

難しいほど燃える!?　知育タイプ

こんなオモチャがおすすめ！

好奇心が強く頭のいいインコには、知恵の輪のような、少し複雑なタイプのオモチャがおすすめです。「どうすれば分解できるかな？」と、頭を使って楽しみます。簡単すぎず難しすぎないものがよいでしょう。